全国高等学校计算机教育研究会"十四五"规划教材

全国高等学校
计算机教育研究会
"十四五"
系列教材

丛书主编 郑 莉

Web前端开发基础

——HTML+CSS+JavaScript+前端框架

王俊 周凌云 覃俊 / 编著

U0282955

清华大学出版社
北京

内 容 简 介

本书全面系统地介绍了 Web 前端开发用到的基础知识,全书分为 5 部分,共 10 章。第 1 部分为 HTML,包括第 1、2 章,分别介绍 Web 工作原理、基本概念、发展历史、开发工具、站点创建和 HTML 标签等内容;第 2 部分为 CSS,包括第 3、4 章,分别介绍 CSS 选择器、样式、变换、三大特性、盒子模型、元素定位、Flex 布局、Grid 布局和响应式设计等内容;第 3 部分为 JavaScript,包括第 5~8 章,分别介绍基本数据类型、运算符、流程控制、对象、JSON、解构赋值、模板字符串、函数、事件、BOM、DOM、异步编程、Node.js 和 AJAX 等内容;第 4 部分为前端开发框架,即第 9 章,介绍了 Vue.js、React 和 Angular;第 5 部分为综合案例,即第 10 章,介绍了 Web 设计页面制作等。

本书结构合理,案例丰富,内容由浅入深,讲解通俗易懂,适合作为高等学校计算机科学与技术、软件工程、网络工程、人工智能及相关专业的教材,也可以作为前端开发工程师的参考书和培训教材。

图书在版编目(CIP)数据

Web 前端开发基础:HTML＋CSS＋JavaScript＋前端框架/王俊,周凌云,覃俊编著. —北京:清华大学出版社,2024.3 (2025.1 重印)

全国高等学校计算机教育研究会"十四五"系列教材

ISBN 978-7-302-65915-0

Ⅰ.①W… Ⅱ.①王… ②周… ③覃… Ⅲ.①网页制作工具－程序设计－高等学校－教材 Ⅳ.①TP393.092.2

中国国家版本馆 CIP 数据核字(2024)第 060096 号

责任编辑:谢 琛
封面设计:傅瑞学
责任校对:王勤勤
责任印制:刘 菲

出版发行:清华大学出版社
  网 址:https://www.tup.com.cn,https://www.wqxuetang.com
  地 址:北京清华大学学研大厦 A 座   邮 编:100084
  社 总 机:010-83470000   邮 购:010-62786544
  投稿与读者服务:010-62776969,c-service@tup.tsinghua.edu.cn
  质量反馈:010-62772015,zhiliang@tup.tsinghua.edu.cn
  课件下载:https://www.tup.com.cn,010-83470236
印 装 者:三河市龙大印装有限公司
经 销:全国新华书店
开 本:185mm×260mm   印 张:17.5   字 数:424 千字
版 次:2024 年 4 月第 1 版   印 次:2025 年 1 月第 3 次印刷
定 价:59.00 元

产品编号:104102-01

丛书序

教材在教学中具有非常重要的作用。一本优秀的教材,应该承载课程的知识体系、教学内容、教学思想和教学设计,应该是课程教学的基本参考,是学生学习知识、理论和思想方法的主要依据。在教育数字化的大背景下,教材更是教学内容组织、教学资源建设、教学模式设计与考核环节设计的依据和主线。

教师讲好一门课,尤其是基础课,必须要有好教材;学生学习也需要好教材。

好教材要让教师觉得好教。好教可不是"水",不是少讲点、讲浅一点。一门课的教材要使教师的教学能够达到这门课在专业人才培养计划中的任务,内容应该达到要求的深度和广度,应具有一定的挑战性。教材的知识体系结构科学,讲述逻辑清晰合理,案例丰富恰当,语言精练、深入浅出,配套资源符合教学要求,就可以给教师的教学提供很好的助力,教师就会觉得这本书好教。

好教材要让学生觉得好学,学生需要什么样的教材呢?在各个学校普遍采用混合式教学模式的大环境下,学生参与各个教学活动时,需要自己脑子里有一条主线,知道每个教学活动对建立整门课知识体系的作用;知道学习的相关内容在知识体系中的位置,这些都要通过教材来实现。学生复习时还需要以教材为主线,贯穿自己在各个教学活动中学到的内容,认真阅读教材,达到对知识的融会贯通。能实现学生的这些需求,学生就会觉得这本书好学。

教材要好教、好学,做到内容详尽、博大精深,语言深入浅出、容易阅读,才能满足师生的需要。

为了加强课程建设、教材建设,培育一批高质量的教材,提高教学质量,全国高等学校计算机教育研究会(以下简称"研究会")于2021年6月与清华大学出版社联合启动了"十四五"规划教材建设项目。这套丛书就是"十四五"规划教材建设项目的成果,丛书的特点如下。

(1)准确把握社会主义核心价值观,融入课程思政元素,教育学生爱党、爱国。

(2)由课程的主讲老师负责组织编写。

(3)体现学校办学定位和专业特色,注重知识传授与能力培养相统一。

(4)注重教材内容的前沿性与时代性,体现教学方法的先进性,承载了可供同类课程借鉴共享的经验、成果和模式。

这套教材从选题立项到编写过程，都是由研究会组织专家组层层把关。研究会委托清研教材工作室（研究会与清华大学出版社联合教材工作室）对"十四五"规划教材进行管理，立项时严格遴选，编写过程中通过交流研讨、专家咨询等形式进行过程管理与质量控制，出版前再次召开专家审查会严格审查。

计算机专业人才的培养不仅仅关系计算机领域的科技发展，而且关系所有领域的科技发展，因为计算机技术已经与各个学科深度融合，计算机技术是所有领域都必不可少的技术。本套教材承载着研究会对计算机教育的责任与使命，承载着作者们在计算机教育领域的经验、智慧、教学思想、教学设计。希望这套教材能够成为高等学校师生们计算机课程教学的有力支撑，成为自学计算机课程的读者们的良师益友。

丛书主编：郑莉

2023 年 2 月

FOREWORD

前言

2017 年 2 月，教育部在复旦大学举办了综合性高校工程教育发展战略研讨会，会上达成了"'新工科'建设复旦共识"，自此之后，"新工科"进入公众视野，得到了教育、科技、经济等各行业的密切关注，为我国战略性新兴产业的快速发展和转型升级提供了人才支撑，同时，也对高等教育变革提出了新要求，赋予了新使命。

在 OEB(Outcome-based Education，成果导向教育)理念的指导下，倡导高校教师积极探索基于项目的教学、基于研讨的教学和基于启发的教学。那么，在这样的新要求下，在教材功能由"为教服务"向"为学服务"转化的过程中，我们的教材如何引发学生兴趣，启发学生创新思维，如何在内容、结构、形式上转型升级，体现学习内容的过程性和渐进性，是需要考虑的问题。

针对上述问题，《Web 前端开发基础——HTML＋CSS＋JavaScript＋前端框架》力争从内容、形式以及问题导向等方面，做出特色和成效，注重"理论＋实践"和培养解决问题的能力，详情如下。

(1) 紧跟产业需求和技术发展，逻辑合理，内容自成一体，包含 Web 大前端从 HTML 到 CSS 再到 JavaScript 服务器端开发的全栈内容。

(2) 教材形式丰富，包含富媒体的数字资源及翔实的纸质教材，可直接用于线上线下混合式教学。

(3) 以学生为中心，以问题为导向，转变开发模式，解耦微服务架构，实现工程化、模块化、组件化开发。

本书由王俊、周凌云、覃俊编著，研究生和本科生周毅、吴少昂、晏邱礼、魏薇、任贺阳、李苏婷等参与了教材内容、图片、习题、案例等资料的收集、整理、制作和校对。

非常感谢清华大学出版社的编辑在本书的策划、组织和撰写过程中给予的指导和帮助，为提高本书的质量提出了许多宝贵的指导性建议。

在此，作者向所有参与本书编写工作的各位专家、学者、老师和学生一并表示衷心的感谢。

本书可作为计算机科学与技术、软件工程、网络工程、人工智能等专业的本科生教材，也可以作为前端开发工程师的参考书和培训教材。

本书得到了全国高等学校计算机教育研究会"十四五"规划教材建设课题(Web 前端开发基础，NO：CERACU2023P06)和中南民族大学校级教研项目

（教育信息化 3.0 背景下产教学内容及方法改革适应性研究，NO：JYX22015）的立项支持，在此表示衷心的感谢。

　　由于作者水平、学识和时间有限，书中难免存在不足和错误之处，在此衷心恳请广大读者批评指正！

作　者

2023 年 12 月 18 日

CONTENTS

目录

第 1 章

Web 前端开发概述

1991 年，WWW（World Wide Web，万维网）的诞生标志着前端技术的开始，WWW 也称为 Web、3W 等。Web 前端开发可追溯到同年年底蒂姆·伯纳斯-李（Tim Berners-Lee）公开提及的 HTML（Hypertext Markup Language，超文本标记语言）描述，而后 1999 年万维网联盟 W3C 发布 HTML4 标准，这个阶段主要是 B/S（Browser/Server，浏览器/服务器）架构，暂无前端开发概念。

随后几年，随着互联网的发展与 REST（Representational State Transfer，表现层状态转化）等架构标准的提出，前后端分离与富客户端的概念日渐为人们所认同。前端是指设计过程中出现在浏览器内或与浏览器直接相关的内容，后端主要关注服务器以及服务器上运行的应用程序和数据库。前端开发是指创建 Web 页面或 App 等前端界面并呈现给用户的过程，通过 HTML、CSS（Cascading Style Sheets，层叠样式表）、JavaScript 以及衍生出来的各种技术、框架和解决方案，来实现互联网产品的用户界面交互。

2009 年以来，智能手机开始普及，移动端浪潮势不可挡，SPA（Single-Page Application，单页应用）的设计理念也大行其道，相关联的前端模块化、组件化、响应式开发、混合式开发等技术需求甚为迫切。该阶段催生出一系列优秀的框架、模块标准与加载工具，前端工程也成为专门的开发领域，拥有独立于后端的技术体系与架构模式。

◆ 1.1　Web 工作原理及基本概念

1.1.1　Web 工作原理

Web 是一个通过互联网访问的、由许多互相链接的超文本组成的信息系统。1989 年，欧洲粒子物理研究所的计算机科学家蒂姆·伯纳斯-李提出创建一个以超文本为基础的项目，方便研究人员在不同的计算机之间共享信息。1991 年，他创建了世界上第一个网站，历经 30 多年，该网站依然运作如常。1994 年，中国科学院已故院士李小文先生提出将 Web 翻译为"万维天罗地网"，简称"万维网"，从此这个翻译被广泛采纳。

Web 设计的初衷是作为一个静态信息资源发布媒介，通过 HTML 描述信息资源，通过 URL（Uniform Resource Locator，统一资源定位系统）定位信息资源，使用 HTTP(Hypertext Transfer Protocol,超文本传输协议)请求信息资源。HTML、URL 和 HTTP 三个规范构成了 Web 运行的基石。Web 的工作方式是 B/S 模式,基本工作原理如图 1-1 所示。

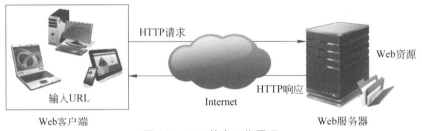

图 1-1 Web 基本工作原理

Web 客户端主要指浏览器(Browser)。当前主流的浏览器有:谷歌(Google)公司的 Google Chrome、腾讯公司的 QQ 浏览器、搜狗公司的搜狗高速浏览器、Mozilla 公司的 Mozilla Firefox、微软(Microsoft)公司的 Microsoft Edge、苹果公司的 Safari 及 Opera 公司的 Opera。Web 客户端的主要功能是向 Web 服务器发送 HTTP 请求,然后将服务器返回的 Web 资源显示在浏览器窗口之中。

Web 服务器是接收浏览器发送网页请求的计算机。Web 服务器安装并运行了 Web 服务器软件,例如 Apache、Nginx、IIS(Internet Information Services,互联网信息服务)等。Web 服务器的主要功能是存放 Web 文档资源,响应来自浏览器的请求,并发送 HTTP 响应到 Web 客户端。

当用户在 Web 客户端浏览器的地址栏输入 URL 之后,浏览器首先调用名为 DNS(Domain Name System,域名系统)解析器的软件模块。该解析器已配置到客户端计算机中,其任务是将 URL 中的域名映射成对应的 IP 地址。然后,浏览器连接到指定 IP 的特定端口号,该 IP 地址对应 Web 服务器的地址,而端口号则表示要访问 Web 服务器上的特定服务。一般情况下,所有 Web 服务器在 HTTP 默认端口号 80 上运行,而 HTTPS(Hypertext Transfer Protocol Secure,超文本传输安全协议)默认端口号为 443,用于安全的 Web 连接。

Web 服务器处理这个 URL,并将控制权交给后端。后端代码生成 HTML 页面,并将其交给 Web 服务器。最终,Web 服务器通过 HTTP 或 HTTPS 将 HTML 页面发送到浏览器。

在 Web 服务器返回 HTML 文档所需的毫秒级时间内,发生了许多事情。网站中的后端代码通常连接到数据库、执行查询、取回数据、联系其他后端服务并最终将所有内容组装成 HTML 文档。它实际上并不是静态文件,而是使用各种不同的技术和组件生成的动态资源。

Web 客户端浏览器接收 HTML 文档,执行其中存在的 JavaScript 代码,并将页面呈现在 Web 客户端浏览器上。现代网页设计遵循一种称为响应式设计的方法,这种方法使用 HTML、CSS 和 JavaScript 动态调整网页的布局,具体取决于客户端用于浏览的设备。

1.1.2 Web 基本概念

1. HTML

HTML 是一种用于创建网页的标准标记语言。用 HTML 编写的超文本文档称为

HTML 文档,可在 UNIX、Windows 等各种操作系统平台上独立运行。

2. HTTP

HTTP 是一种用于分布式、协作式和超媒体信息系统的应用层协议。HTTP 主要解决如何包装数据,是万维网数据通信的基础,Web 浏览器和服务器通过该协议进行通信。

当前,HTTP/3 是第三个主要版本的 HTTP 协议。2022 年 6 月 6 日,国际互联网工程任务组 IETF 正式标准化 HTTP/3 为 RFC9114。与其前任 HTTP/1.1 和 HTTP/2 不同,在 HTTP/3 中,将弃用 TCP 协议,改为使用基于 UDP(User Datagram Protocol,用户数据报协议)的 QUIC(Quick UDP Internet Connections,快速 UDP 网络连接)协议实现。

3. TCP/IP

传输控制协议/互联网协议(Transmission Control Protocol/Internet Protocol,TCP/IP)指能够在多个不同网络间实现信息传输的协议簇,是网络中传输数据的标准。TCP/IP 协议不是指 TCP 和 IP 两个协议,而是指一个由 FTP(File Transfer Protocol,文件传输协议)、SMTP(Simple Mail Transfer Protocol,电子邮件传输协议)、TCP、UDP、IP 等协议构成的协议簇,只是因为在 TCP/IP 协议中,TCP 协议和 IP 协议最具代表性,所以被称为 TCP/IP 协议。

4. IP 地址

IP 地址(Internet Protocol Address)也称为互联网协议地址,是网际层和以上各层使用的地址,是一种逻辑地址。互联网上的每台计算机都有一个 IP 地址,用于识别其他计算机并与之通信。IP 地址分为 32 位(IPv4)和 128 位(IPv6)。IPv4 采用点分十进制表示,例如 182.61.200.6,以四组十进制数字组成,并以点分隔。为了在网络中定位设备,TCP/IP 协议将逻辑 IP 地址转换为物理地址。

5. Port

Port(端口)是设备与外界通信交流的出口,用于标志本计算机应用层中的各个进程在和运输层交互时的层间接口。端口号是一个由 16 位无符号二进制表示的整数,例如,Web 服务器默认端口号为 80。

6. DNS

DNS 是一个分布式数据库,提供域名和 IP 地址相互映射的功能,使用户更方便地访问互联网。例如,百度服务器的 IP 地址为 182.61.200.6,如果没有 DNS,访问百度需要在浏览器地址栏内输入 182.61.200.6,而该 IP 地址难以记忆。有了 DNS 服务,就可以使用便于记忆的域名代替 IP 地址。在浏览器地址栏内输入域名后,DNS 服务器会将域名自动解析成对应的 IP 地址。

7. URL

URL 俗称网页地址,简称网址,是因特网上标准资源的地址。Web 浏览器通过 URL

从 Web 服务器请求相关 Web 资源。

【示例 1-1】 一个 URL 示例。

一个 URL 的示例(该示例中的网址信息无实际意义),详情如图 1-2 所示。

```
http://www.example.com:8080/path/resource?id=123&name=user#section1
     ①          ②              ③        ④          ⑤              ⑥
①协议方案,制定了如何获取资源
②域名,也可以是 IP 地址
③端口号,在冒号后面,通常在 URL 中不可见
④路径,要访问的资源在 Web 服务器上的位置
⑤查询参数,以"?"开始,多个参数间用"&"分隔,每个参数中用"="连接键值
⑥片段,网页中的一个部分,以"#"开始
```

图 1-2　一个 URL 的示例

URL 包含访问资源所需的协议名称以及资源名称。URL 的第一部分标识使用什么协议作为主要访问媒介,包括 HTTP、HTTPS、FTPS、MAILTO 等。第二部分标识资源所在的 IP 地址或域名,可能还有子域。在域名之后,URL 还可以指定用于建立连接的网络端口号、域中特定页面或文件的路径以及查询参数和片段。URL 的完整说明可以查阅 RFC 1738 文档。

URL 只能使用 ASCII 字符集。对于 ASCII 字符集之外的字符,URL 必须将其转换为有效的 ASCII 格式。URL 编码使用"％"后跟随两位十六进制数来替换非 ASCII 字符。URL 不能包含空格,其编码通常使用"％20"来替换空格。

8. SPA

SPA 是一种网络应用程序或网站的模型,它通过动态重写当前页面与用户进行交互。这种方法避免了页面之间的频繁切换,从而增强了用户体验。在单页应用中,所有必要的 HTML、JavaScript 和 CSS 代码,都通过单个页面的加载而检索,或者根据用户需要,动态装载适当的资源并添加到页面,页面在任何时间点都不会重新加载,也不会将控制转移到其他页面。

1.1.3　HTTP/HTTPS

HTTP 是应用层的一个协议,是万维网生态系统的核心。HTTP 采用 B/S 架构,客户端通过浏览器发送 HTTP 请求给服务器,服务器经过解析响应客户端的请求。

```
GET /index.html HTTP/1.1
Host: 127.0.0.1:5500
Connection: keep-alive
```

图 1-3　一个 HTTP 请求
报文的头部信息

HTTP 请求报文的头部信息示例见图 1-3,它通常包含以下 4 方面信息。

(1) 请求的方法,大多数客户端的操作是获取资源,通常采用 GET 或者 POST 方法。除此之外,还可以是 HEAD、PUT、DELETE 或 OPTIONS。

(2) 要获取的资源的路径,通常是资源的 URL,示例中是/index.html,它不包括协议、域名、端口号。

(3) HTTP 协议的版本号,示例中是 HTTP/1.1。

（4）服务端其他信息，例如 IP 地址和端口号。

HTTP 响应的头部信息如图 1-4 所示，通常包含以下 4 方面信息。

```
HTTP /1.1 200 OK
Vary: Origin
Access-Control-Allow-Credentials: true
Accept-Ranges: bytes
Cache-Control: public, max-age=0
Last-Modified: Thu, 31 Mar 2022 03:36:29 GMT
ETag: W/"35f-17fde0bcb09"
Content-Type: text/html; charset=UTF-8
Content-Length: 2378
Date: Thu, 21 Apr 2022 03:23:27 GMT
Connection: keep-alive
Keep-Alive: timeout=5
```

图 1-4 一个 HTTP 响应的头部信息

（1）HTTP 版本号。

（2）状态码（status code），用于告知对应请求执行成功或失败，以及失败的原因。示例中的状态码是 200，表示响应正常。

HTTP 响应中的状态码指示 HTTP 请求是否已成功完成，共分为 5 类：信息响应（100～199）、成功响应（200～299）、重定向（300～399）、客户端错误（400～499）、服务器错误（500～599）。常见的几种状态码、状态信息及含义见表 1-1。

表 1-1 常见状态码、状态信息及其含义

状 态 码	状 态 信 息	含　　义
200	OK	请求成功
304	Not Modified	如果客户端发送了一个带条件的 GET 请求且该请求已被允许，而文档的内容（自上次访问以来或者根据请求的条件）并没有改变
400	Bad Request	当前请求有误，通常是请求参数有误
404	Not Found	所请求的资源未在服务器上发现
500	Internal Server Error	服务器内部错误出现了异常

（3）状态信息（status message），它是非权威的状态码描述信息，可以由服务端自行设定，实例中的状态信息是 OK。

（4）数据类型（content-type）和响应数据的字节大小（content-length）。

HTTP 是基于 TCP/IP 的应用层协议，位于 OSI 七层模型的最上层，即应用层，它并不涉及数据包（packet）传输，主要规定了客户端和服务器之间的通信格式。HTTP 具有以下 3 个特点。

（1）快速。

客户端向服务器请求服务时，只需传送请求方法和路径，不需发送额外数据，例如，GET 请求方法。同时，HTTP 协议结构简单，使得 HTTP 服务器程序规模小，通信速度快。

（2）灵活。

HTTP 协议对数据对象并没有要求，允许传输任意类型的数据对象。对于正在传输的数据类型，HTTP 协议将通过 Content-Type 进行标记。

（3）无状态。

服务器不知道客户端是什么状态，服务器不会记录客户端的任何信息。

HTTP 是无状态的，这就带来了一个问题，用户没有办法在同一个网站中进行连续的交互。例如，在一个社交网站中，用户登录了账号 A，然后进入到个人主页，这两次的请求之间没有关联，浏览器无法知道现在是哪个用户在请求个人主页。使用 HTTP 的头部扩展 Cookies 可以解决这个问题。把 Cookies 添加到头部中，创建一个会话，让每次请求都能共享相同的上下文信息，达成相同的状态。

HTTP 协议的诞生，主要是为了解决信息传递和共享的问题，并没有考虑到互联网高速发展后面临的安全问题。HTTP 协议不具备任何数据加密、身份校验等机制，使用 HTTP 协议传递的数据以明文形式在网络中传输，任意节点的第三方都可以随意劫持流量、篡改数据或窃取信息，无法确保数据的保密性和完整性。

HTTPS 是安全版的 HTTP，现广泛应用于互联网上的敏感数据通信，例如交易支付的过程。HTTPS 建立连接的阶段是"非对称加密＋对称加密＋数字证书"协同作用的过程。服务器和客户端各产生一个随机数，互相传给对方，确定加密算法。然后，客户端再生成第三个随机数，通过服务器公钥加密传给服务器，服务器用私钥解密获得第三个随机数。这样双方都有了三个随机数。最后，用这三个随机数生成会话密钥（session key），并用此会话密钥对通信过程进行加密。

HTTP 和 HTTPS 都用于从 Web 服务器检索数据，以在浏览器中查看内容。它们之间的区别在于 HTTPS 是将 HTTP 的数据包通过 SSL/TLS（Secure Sockets Layer/Transport Layer Security，安全套接层/传输层安全协议）加密后传输。HTTPS 默认使用 TCP/IP 端口号 443，而 HTTP 使用端口号 80。

1.2 前端基本技术及发展历史

前端技术经历了 30 多年的发展，从最早的纯静态 Web 页面，到 JavaScript 的交互式 Web 页面；从 PC 端到移动端；从依赖后端到前端可自由打包开发。随着 HTML、CSS、JavaScript 等语言特性的提升，以及工程化、大前端等概念的提出，Web 前端开发技术不断丰富完善。

1.2.1 HTML

HTML 是为网页创建而设计的一种标记语言，被用来结构化信息，例如标题、段落和列表等，在一定程度上，也可用来描述文档的外观和语义。HTML 由蒂姆·伯纳斯-李给出原始定义，后来成为国际标准，由万维网联盟 W3C 维护。HTML 文件最常用的扩展名是.html，但是，像 DOS 这样的旧操作系统，限制扩展名最多为三个字符，所以.htm 扩展名也被使用。

HTML 的历史版本有以下 6 种。

（1）HTML 1.0，于 1993 年 6 月作为 IETF 工作草案发布。

（2）HTML 2.0，于 1995 年 11 月作为 RFC 1866 发布。

（3）HTML 3.2，于 1997 年 1 月 14 日发布，W3C 推荐标准。

（4）HTML 4.0，于 1997 年 12 月 18 日发布，W3C 推荐标准。

（5）HTML 4.01，相较上一代有微小改进，于 1999 年 12 月 24 日发布，W3C 推荐标准。

（6）HTML 5，于 2014 年 10 月 28 日由 W3C 推荐诞生。HTML5 对音频、视频、图像、动画等都做了新的标准。

目前为止，HTML 整个历史发展所使用的版本，主要是 1999 年诞生的 HTML 4.01 以及 2014 年诞生的 HTML5。

1.2.2　CSS

HTML 诞生以来，网页基本上就是一个简陋的富文本容器。早期网页流行使用＜table＞标签进行布局，缺少布局和美化手段。1994 年，为了美化和丰富网页，哈肯·维姆·莱首次提出了 CSS 的想法，他与伯特·波斯(Bert Bos)一起将 CSS 发展为 W3C 推荐标准。1996 年12 月，W3C 推出了 CSS 规范的第一版本。当时还提出了其他样式语言，例如，JavaScript 样式表(JSSS)，但 CSS 胜出。

CSS 是一种声明式编程语言，它声明一条一条的规则，最终由浏览器统一整合全部的规则并完成样式渲染。CSS 最大的特点是允许样式层叠，层叠意味着样式可以覆盖或继承之前已经声明的样式，极大增强了样式书写的灵活性和简便性。

CSS 的历史版本如下所示。

（1）CSS 1。

1996 年 12 月 17 日，W3C 颁布 CSS 1 版本。该版本支持设置字体的大小、字形、强调；支持设置字的颜色、背景的颜色和其他元素；支持设置文字的排列、图像、表格和其他元素；支持设置 ID 和类选择器等。

这一规范发布之后，立即引起各浏览器厂商的关注，随即微软和网景(Netscape)的浏览器均支持 CSS 1，这为 CSS 之后的发展奠定了基础。

（2）CSS 2。

1998 年 5 月 12 日，W3C 发布了 CSS 2 版本。该版本在 CSS 1 的基础上进行了扩展，支持指定打印机、手持设备、视觉浏览器等媒体的样式表，支持内容定位、可下载字体、表格布局以及国际化支持等。随后，2011 年 6 月 7 日又发布了 2.1 修订版，修改了 CSS 2 中的一些错误，删除了其中基本不被支持的内容，增加了一些已有的浏览器的扩展内容。

（3）CSS 3。

CSS 3 于 1999 年已经开始制订，直到 2011 年 6 月 7 日，CSS 3 Color Module 终于发布W3C Recommendation 版。CSS 3 增加了很多功能，包括圆角、文字阴影、变形 transform 和过渡 transition 等。到目前为止，该标准尚未最终定稿。

CSS 3 和之前的规范不同，它被分为几个单独的模块，每个模块都会添加或扩展 CSS 2中定义的功能，从而保持向后兼容性，并且由于模块化，不同的模块具有不同的稳定性和状态。

1.2.3　JavaScript

1994 年，网景公司发布了 Navigator 浏览器，当时，网景公司急需一种网页脚本语言，以便用户可以与网页互动。1995 年，网景公司的 Brendan Eich 花了十天时间，设计了

JavaScript 的最初版本。从此,网页可以实现一些简单的用户交互,例如表单验证和一些动画效果。随后二十多年,以下技术极大地促进了 JavaScript 的发展。

(1) AJAX。

AJAX(Asynchronous JavaScript And XML,异步 JavaScript 和 XML 技术)于 1998 年开始初步应用,到 2005 年才大规模普及。AJAX 的广泛使用,标志着 Web2.0 时代的开启。通过 AJAX 可以实现 Web 页面动态获取数据,并利用 DOM 操作动态更新网页内容。现在流行的前端开发框架,例如 Vue.js、React 和 Angular,它们呈现页面内容的方式都是通过 AJAX 获取内容后再渲染到页面上。

(2) jQuery。

1997 年虽然有了 ECMA(European Computer Manufacturers Association,欧洲计算机制造商协会)提供的标准,但是各浏览器厂商之间并不完全兼容。有的浏览器厂商会实现很多好的特性,以此来吸引开发者和用户,导致一套代码需要多个 if else,而处理的事情却几乎相同。首先,if 判断是什么浏览器;然后,写出适合该浏览器的代码。jQuery 的诞生,完美解决了浏览器的兼容问题,帮助工程师提高了开发效率。

(3) Node.js。

Node.js 是一个免费的、开源的、跨平台的 JavaScript 运行环境,允许开发者在浏览器之外编写命令行工具和服务器端脚本。它诞生于 2009 年,使得 Web 工程师拥有写服务端程序的能力,更重要的是,它提供前端工程师操作文件系统的能力。Node.js 是开源的,由世界各地的贡献者积极维护。

(4) 前端框架。

2012 年,谷歌发布了基于 JavaScript 的框架 AngularJS,之后紧接着诞生了类似的框架 React 和 Vue。这些框架将 ECMAScript、DOM(Document Object Model,文档对象模型)和 BOM(Brower Object Model,浏览器对象模型)整合到一起,封装了许多方法。利用它们能够更加快速地构建和开发 Web 系统,也提供了良好的代码可读性和可维护性,兼容性较好。

◈ 1.3 开发工具及环境搭建

1.3.1 常用代码编辑器

1. Visual Studio Code

VS Code 的全称是 Visual Studio Code,是一款开源、免费、跨平台、高性能、轻量级的代码编辑器,由微软采用 JavaScript 语言开发。VS Code 官网提供下载安装包,下载之后,双击安装即可。

VS Code 在支持插件扩展方面具有很大优势,与 Web 前端开发相关的常用插件有 Prettier、Live Server、ESLint、Stylelint 等。

(1) Prettier 是一个代码格式化工具,只关注格式,不具备校验功能。它能够自动格式化代码,并能保持团队协作中代码风格统一。

(2) Live Server 是一个具有实时加载功能的小型服务器,前端项目中可用 Live Server

作为一个实时服务器,实时查看开发的网页或项目效果,但不能用于部署最终站点。

(3) ESLint 是一个插件化的代码检测工具,用来识别 JavaScript,并且按照规则给出报告的代码检测工具,使用它可以避免低级错误和统一代码的风格。

(4) Stylelint 是一个强大的 CSS 检测器,可以让开发者在样式表中遵循一致的约定和避免错误。

本书中的例子使用 VS Code 1.68 和 1.80 开发。

2. Sublime Text

Sublime Text 是程序员 Jon Skinner 于 2008 年开发的编辑器。它是付费软件,但可以无限期试用。Sublime Text 是一个跨平台的编辑器,同时支持 Windows、Linux、macOS X 等操作系统。Sublime Text 具有漂亮的用户界面和强大的功能,可以自定义快捷键,还具有拼写检查、书签,以及完整的 Python API(Application Programming Interface,应用程序接口)等功能。

3. WebStorm

WebStorm 是 Jetbrains 公司旗下一款适用于 JavaScript 和相关技术的集成开发环境。它是收费软件,在官网可以下载最新安装包。它支持 ECMAScript、NodeJS、Sass/LESS、HTML 5+CSS 3、主流库和框架,全面兼容主流的开发/部署工具,并拥有大量第三方插件。

4. Atom

Atom 是一款由 GitHub 开发的开源代码编辑器,支持自定义 HTML、CSS 和 JS 等编程语言。由于简洁直观的界面,以及支持第三方程序包安装、支持宏等特点,深受开发者的喜爱。Atom 是多平台的,支持 Windows、Linux 和 Mac,并允许跨平台使用项目。

1.3.2　浏览器及浏览器开发者工具

不同浏览器的页面在外观和执行能力上可能有所不同,这是因为它们对 Web 的技术支持不同、设备功能不同,以及用户设置浏览的首选项不同。所以,前端开发者常需要在多个主流浏览器上测试 Web 页面。

浏览器最重要的部分是浏览器内核。浏览器内核又可以分成两部分:渲染引擎(layout engineer 或者 rendering engine)和 JS 引擎。渲染引擎负责取得网页的 HTML、XML、图像等内容并整理信息,例如加入 CSS 等,以及计算网页的显示方式,解释网页语法并渲染到网页上。渲染引擎决定了浏览器该如何显示网页内容以及页面的格式信息。不同的渲染引擎对网页的语法解释也不同,因此,网页开发者需要在不同内核浏览器中测试网页的渲染效果。JS 引擎则是解析 JavaScript 语言,执行 JavaScript 语言来实现网页的动态效果。

最开始,渲染引擎和 JS 引擎并没有明确区分,后来,JS 引擎越来越独立,浏览器内核就倾向于渲染引擎。常见的浏览器内核包括 Trident、Gecko、Blink 和 Webkit。目前主流浏览器及其渲染引擎如表 1-2 所示。

表 1-2　浏览器及渲染引擎

浏 览 器	渲 染 引 擎
Firefox	Gecko(iOS 版 Firefox 除外,其使用 WebKit)
Safari 和 Safari iOS	WebKit
IE	Trident
Chrome	Blink(派生于 WebKit)
Edge	Blink
Opera 15＋	Blink(派生于 WebKit)

主流浏览器都已内置 Web 开发者工具。本节以 Chrome 内置工具 DevTools 为例,介绍该工具的常用功能。

Chrome DevTools 是一组内建在 Chrome 浏览器的 Web 开发者工具,可对网页进行分析和调试,是前端开发中最常用的调试工具之一。在浏览器界面上单击 F12 键或者按组合键 Ctrl＋Shift＋I 可打开 Web 开发者工具,如图 1-5 所示,主要的面板和功能如下。

图 1-5　Web 开发者工具

1. Elements/元素

元素面板可以查看和修改 DOM。在 DOM 树的节点上单击右键,可以对 DOM 节点进行修改,DOM 的变化会立刻在页面中生效。具体的修改包括以下 11 项。

(1) 添加属性:给节点添加自定义属性。

(2) 编辑属性:对已有的属性进行修改。

(3) 以 HTML 形式编辑:可让整个 DOM 节点树变为可编辑状态,适合需要大规模编辑 DOM 的场景。

(4) 编辑文本:双击 DOM 节点的文本,可对其内容进行修改。

(5) 删除元素:按 Del 键,可直接将该节点删除。

（6）复制/复制 outerHTML：可复制该节点的 HTML 内容。

（7）复制/复制 selector：可复制该节点的 CSS 选择器。

（8）复制/复制样式：可复制该节点所应用的 CSS 样式列表。

（9）强制状态：可将元素强制伪类状态，例如，hover，便于调试对应状态节点的样式。

（10）以递归方式展开：DOM 节点树默认是折叠的，通过该选项可将所有的子节点展开。

（11）捕获节点屏幕截图：可将该节点的当前状态截取快照，保存成图片。

2. Style/样式

样式面板主要是列出当前节点所应用的 CSS 样式，包括两部分，一部分是内联样式，即 element.style 部分，另一部分是 CSS 选择器对应的样式。样式面板上可对这些样式直接进行增、删、改，也可以看到这些样式在文件中定义的位置。样式面板还会显示该节点的盒子模型，包括节点的尺寸、边框、间距等，便于分析尺寸。

3. Computed/已计算

该面板可以查看元素实际计算生效样式的值，例如，查看通过变量 var、计算函数 calc( ) 等动态计算的结果，或者继承得到的样式。

4. Layout/布局

布局面板可以查看页面中网格布局的具体信息。

5. Console/控制台

控制台的主要功能有两个，一是查看 JavaScript 代码的输出信息，例如，查看 console. log( )方法在控制台输出的信息，或者是报错信息；二是可以直接在这里执行 JavaScript 代码，对页面进行操作。

6. Sources/源代码

源代码面板可以对页面加载的资源进行查看，也可以对 JavaScript 代码进行断点调试。

7. Application/应用程序

应用程序面板可以查看 Web 页面存储的数据。常用到的主要是 Storage 部分，它是 Web Storage API 的接口。Web Storage API 提供了存储机制，通过该机制，浏览器可以安全地存储键值对。Storage 面板提供了访问特定域名下的会话存储或本地存储的功能，例如，可以添加、修改或删除存储的数据项。存储对象是简单的键值存储，类似于对象，但是它们在页面加载时保持完整，键和值始终是字符串，注意，数值、布尔型、对象都会被自动转换为字符串。

Session Storage 为每一个给定的源维持一个独立的存储区域，该存储区域在页面会话期间可用。页面会话在浏览器打开期间一直保持，并且重新加载或者恢复页面仍会保持原来的会话。打开多个相同 URL 的 Tabs 页面，会创建各自的 Session Storage。关闭对应的浏览器窗口会清除对应的 Session Storage。

Local Storage 功能与 Session Storage 相同，但是前者在浏览器关闭并重新打开之后数据仍然可用,这使得它成为缓存数据并实现持久化的选择。

Cookie 面板可以查看当前源下面的 Cookie 信息。

8. Network/网络

Network 面板用于分析网络请求的信息。常见的 Web 页面以及所关联的资源都是通过 HTTP 请求加载的,通过该功能可以分析页面资源的请求过程和响应内容,便于和服务端联调。

◈ 1.4 Web 站点的创建

创建 Web 站点时,若互联网信息服务 IIS 未启动,需要先在控制面板中找到“程序和功能”,然后打开“启用或关闭 Windows 功能”,勾选“Internet Information Services”选项,如图 1-6 所示,最后单击“确定”按钮,等待系统操作完成即可。

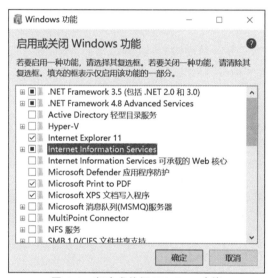

图 1-6　启动或关闭 Windows 功能

IIS 服务启动之后,Web 站点创建过程如下所述。

(1) 打开 IIS 管理器,在“网站”选项右击,选择“添加网站”,如图 1-7 所示。

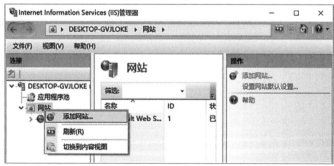

图 1-7　添加网站

(2) 在“网站名称”和“物理路径”中输入对应信息,如图 1-8 所示。

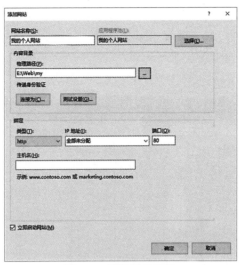

图 1-8　编辑网站信息

（3）编写一个简单的网页，命名为 index.html，将写好的 HTML 文件拷贝到指定目录
"E:\Web\my\html"，如图 1-9 所示。若文件路径和上图中的物理路径不一致，可在"高级
设置"中修改"物理路径"，如图 1-10 所示。

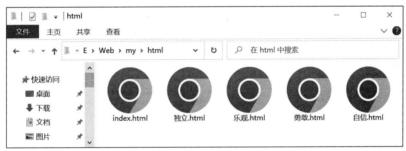

图 1-9　网页目录

图 1-10　高级设置

（4）测试站点，在浏览器地址栏中，输入 localhost 或者 IP 地址 127.0.0.1，访问 Web 站点里的资源文件，默认访问 index.html，若运行成功，首页展示效果如图 1-11 所示。

图 1-11   web 站点

1.5 习   题

一、选择题

1. 以下不属于 Web 前端开发核心技术的是（   ）。
   A. HTML　　　　　　B. JavaScript　　　　C. CSS　　　　　　　　D. Java
2. Web 前端开发中"Web"指的是（   ）。
   A. Internet　　　　　　　　　　　　B. Web 客户端
   C. Web 系统　　　　　　　　　　　　D. Web 服务器
3. 以下概念或者功能属于"前端"的是（   ）。
   A. Web 系统中以网页的形式为用户提供的部分，用户能接触到的部分
   B. Web 系统中负责数据存取的部分
   C. Web 系统中负责平台稳定性与性能的部分
   D. Web 系统中负责完成相应的功能、处理业务的部分
4. 以下关于网页源文件的叙述不正确的是（   ）。
   A. 网页源文件是一些代码　　　　　　B. 网页源文件客户端是看不见的
   C. 网页源文件可以在记事本里打开　　D. 网页源文件是纯文本文件
5. 以下关于前端技术标准叙述不正确的是（   ）。
   A. 技术标准主要包括 HTML、CSS、JS 等部分技术的一些规定

B. 技术标准是由 W3School 组织提供的

C. 这些技术标准是在做 Web 前端开发时需要遵守的

D. 技术标准的应用是一个逐步的过程

6. 以下不属于网页页面元素的是(　　)。

   A. 导航栏　　　　　　B. logo　　　　　　C. 文字与图片　　　　D. 网页源文件

7. 以下说法中,错误的是(　　)。

   A. 网站 logo、banner、导航栏等都是网页的组成部分

   B. 主页就是进入网站的第一个页面,也被称为首页

   C. 网页就是一系列逻辑上可以视为一个整体的页面的集合

   D. 所有的扩展名都是.htm

8. 以下说法中,错误的是(　　)。

   A. 网页的本质就是 HTML 等源代码文件

   B. 网页就是主页

   C. 使用"记事本"编辑网页时,可将其保存为.htm 或.html 后缀

   D. 网站通常就是一个完整的文件夹

9. 下列关于 HTML 语言描述不正确的是(　　)。

   A. HTML 语言中可以嵌入如 CSS、JavaScript 等语言

   B. HTML 是指超文本链接语言,用超链接将网页组织在一起

   C. HTML 语言是通过一系列特定的标记来标识出相应的意义和作用

   D. HTML 文档本身就是文本格式的文件

10. 以下不属于渲染引擎的是(　　)。

   A. Gecko　　　　　　B. WebKit　　　　　　C. Trident　　　　　　D. Chrome

二、填空题

1. 所谓 Web 服务器就是那些对信息进行组织、存储和发布到_____中去,从而使得其中的其他计算机可以读取 Web 服务器上信息的计算机。

2. HTML 文档是纯_____的文本文件,由"显示内容"和"控制语句"两部分组成。

3. 层叠样式表_____可以有效地对页面内容的布局、字体、颜色、背景和其他效果实现更加精确的控制。

4. 脚本引擎就是指脚本的运行环境,负责脚本程序的解释,来具体处理用相应_____书写的脚本命令。

5. JavaScript 脚本程序语言是一种_____的程序语言,所写的脚本程序不需要_____和链接,它采用边读边执行的方式运行。

6. 超文本标记语言 HTML 是一种用于创建网页的标准_____语言。

7. HTTP 是一种用于分布式、协作式和超媒体信息系统的_____层协议。

8. Web 服务器默认端口为_____。

三、简答题

1. 常用代码编辑器有哪些?

2. 常见状态码有哪些？分别代表什么信息？

3. 常见浏览器内核有哪些？

4. 什么是万维网？画出 B/S 三层结构图。

5. 简述 HTML、CSS、JavaScript 功能。

6. 简述 HTTP 协议特点。

第 2 章

HTML 标 签

HTML 标签是 HTML 语言中最基本的构建单元,可以通过使用各种标签来建立不同的 Web 页面。HTML 标签主要包括基本标签、表单标签和语义标签三部分,基本标签用于设置网页中文字相关内容,表单标签用于设置和服务器交互的表单内容,语义标签用于优化 HTML 文档结构。

◆ 2.1 HTML 标签简介

2.1.1 HTML 标签概念

HTML 标签也被称为 HTML 标记,是带尖括号的关键词,也称为标签名。通常,标签由开始标签(开放标签、开标签)和结束标签(闭合标签、闭标签)组成,开始标签用"＜标签名＞"表示,结束标签用"＜/标签名＞"表示,例如,＜html＞＜/html＞。标签可拥有属性,可在标签名后给出,若属性有多个,可用空格分隔,例如,＜html id="index" style="text-align：center;"＞。

根据标签的组成,可分为单标签和双标签,双标签由"＜标签名＞＜/标签名＞"组成,有始有终;单标签由一个标签组成,例如,换行标签＜br＞只有开始标签,没有结束标签。

HTML 元素是由开始标签、属性、结束标签以及介于两者之间的所有内容的集合,标签和元素对应关系如图 2-1 所示。

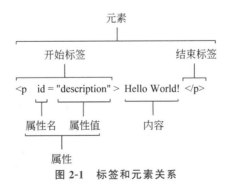

图 2-1 标签和元素关系

通常在使用中,HTML 元素和 HTML 标签可以互换,即标签就是元素,元素就是标签。简单起见,除非特别强调,本书中使用的术语"标签"和"元素"表示相同意思。

2.1.2 ＜!DOCTYPE＞文档类型声明

＜!DOCTYPE＞文档类型声明不是一个 HTML 标签,不区分大小写,位于 HTML 文档最前面的位置,用于告知 Web 浏览器当前页面使用了哪种 HTML 版本,采用兼容模式(Quirks Mode)或者标准模式(Standards Mode)来解析并渲染页面代码。

兼容模式,也称混杂模式、怪异模式,当 HTML 文档没有声明＜!DOCTYPE＞或者声明错误不能识别时,浏览器会采用兼容模式,此时,页面将以宽松向后兼容的方式显示,以防止 Web 站点无法正常工作。

标准模式,也称严格模式,网页按照 HTML 与 CSS 的定义渲染,以该浏览器支持的最高标准运行。

1. HTML 4.01

在 HTML 4.01 中,由于 HTML 4.01 是基于 SGML(Standard Generalized Markup Language,标准通用标记语言)规范来制定的,所以＜!DOCTYPE＞声明需引用文档类型声明 DTD 来指定标记语言的规则,以确保浏览器能够正确地渲染内容。

HTML 4.01 主要包括 Strict(严格)、Transitional(过渡)两种＜!DOCTYPE＞声明,例如,下列代码是过渡类型的文档声明:

```
<!DOCTYPE HTML PUBLIC "-//W3C//DTD HTML 4.01 Transitional//EN"
"http://www.w3.org/TR/html4/loose.dtd">
```

2. HTML5

HTML5 不是基于 SGML 规范制定的,所以不需要引用 DTD,只需要使用＜!DOCTYPE＞声明告诉浏览器以标准模式来解析 HTML 文档,浏览器将根据规范呈现页面,文档声明如下:

```
<!DOCTYPE html>
```

◆ 2.2　HTML 文档结构

HTML 文档结构主要包括文档类型声明和文档标签两部分内容,其中,文档标签中又包括头部标签以及主体标签。HTML 文档结构如图 2-2 所示,相关代码如下所示。

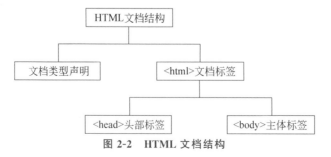

图 2-2　HTML 文档结构

```
<!-- 文档类型声明 -->
<!DOCTYPE html>
<!-- 文档标签 -->
<html lang="en">
<!-- 头部标签 -->
<head>
    <meta charset="UTF-8">
    <meta http-equiv="X-UA-Compatible" content="IE=edge">
    <meta name="keywords" content="唐诗，宋词">
    <title>Document</title>
</head>
<!-- 主体标签 -->
<body>

</body>
</html>
```

1. 文档类型声明

＜!DOCTYPE html＞声明此页面是一个 HTML 5 标准网页。

2. ＜html＞文档标签

＜html＞文档标签是 HTML 页面中所有标签的顶层标签,从＜html＞开始,到
＜/html＞结束。Visual Studio Code 默认生成格式是＜html lang＝"en"＞,表明此页面定
义为英文网页;如果是简体中文页面,可设置为＜html lang＝"zh-CN"＞,便于搜索引擎判
断和收录。

3. ＜head＞头部标签

＜head＞头部标签通常位于＜html＞标签之后,用于定义与网页相关的信息,例如页面
标题、字符集、关键字、页面内容描述等信息,常用头部标签如表 2-1 所示。

表 2-1　常用头部标签

标　　签	描　　述
＜title＞	定义 HTML 文档标题
＜meta＞	定义 HTML 文档元数据,包括字符集、关键字、页面内容描述等
＜style＞	定义 HTML 文档的层叠样式表
＜script＞	定义 HTML 文档的页面脚本

＜meta＞文档元数据标签可以通过设置不同属性,实现很多有用的功能,相关属性如
表 2-2 所示。

表 2-2 ＜meta＞标签属性

属　　性	值	描　　述
charset	character_set	定义 HTML 文档的字符编码
content	文本信息	定义与 http-equiv 或 name 属性相关的元信息
http-equiv	refresh	把 content 属性关联到 http-equiv 对应的值
	X-UA-Compatible	指定 IE 浏览器在解析网页时使用的文档模式
name	author	把 content 属性关联到 name 对应的值
	description	
	keywords	

4. ＜body＞主体标签

＜body＞主体标签封装了页面的正文内容。所有需要在浏览器窗口显示的相关正文内容，都需要放在＜body＞＜/body＞标签对之间。

【示例 2-1】 使用标题、关键字、页面内容描述设置相关信息，并在 3 秒之后跳转到古诗文网 https://www.gushiwen.cn。

```
<!-- 文档声明 -->
<!DOCTYPE html>
<!-- HTML 文档 -->
<html lang="zh-CN">
<!-- 头部标签 -->
<head>
    <!-- 指定页面使用的编码为 UTF-8 -->
    <meta charset="UTF-8">
    <!-- 指定 IE8/9 及以后的版本都会以最高版本 IE 标准模式来渲染页面 -->
    <meta http-equiv="X-UA-Compatible" content="IE=edge">
    <!-- 指定关键字,多个关键字之间用英文状态逗号分隔,个数建议不超过 10 个 -->
    <meta name="keywords" content="唐诗, 宋词">
    <!-- 指定页面内容描述信息 -->
    <meta name="description" content="这里是古诗词爱好者的乐园,致力于让古诗文爱好
者更便捷地发表及获取古诗文相关资料。">
    <!-- 指定在当前页面 3 秒之后,自动跳转到古诗文网首页 -->
    <meta http-equiv="refresh" content="3; url=https://www.gushiwen.cn">
    <!-- 指定页面标题 -->
    <title>古诗词爱好者乐园</title>
</head>
<!-- 主体标签 -->
<body>
    关关雎鸠,在河之洲。窈窕淑女,君子好逑。<br />参差荇菜,左右流之。窈窕淑女,寤寐求
之。<br />求之不得,寤寐思服。悠哉悠哉,辗转反侧。<br />参差荇菜,左右采之。窈窕淑女,
琴瑟友之。<br />参差荇菜,左右芼之。窈窕淑女,钟鼓乐之。
</body>
</html>
```

上述代码在 Chrome 浏览器中的运行结果如图 2-3 所示。

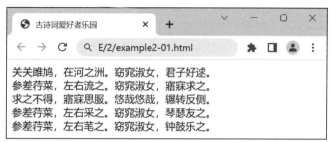

图 2-3　古诗文运行结果

◇ 2.3　基 本 标 签

基本标签包括文本、图片、媒体、列表、段落、表格、<div>、超链接等，用于实现正文内容不同的页面展示效果。

2.3.1　文本标签与特殊字符

1. 文本标签

文本标签主要用于设置网页中和文字有关的内容，包括标题字、换行、段落、格式化等标签，详情如表 2-3 所示。

表 2-3　常用文本标签

标签	基 本 语 法	描　　述
<p>	<p>段落内容</p>	默认居左对齐，可通过两种方法修改对齐方式：①使用标签的 align 属性，指定 left、center 和 right 三种值；②使用 CSS。推荐使用第二种方式
 	 或者 	单标签，文本换行
<hn>	<hn>标题字</hn>	标题字标签，n∈[1, 6]，<h1>～<h6>标题字体大小随数字增大而减小，浏览器会自动地在标题的前后添加空行
<strong>	<strong>文本</strong>	文本加粗显示，在需要重点强调的地方，可通过<strong>标签来增强效果和语气
<em>	<em>文本</em>	文本倾斜效果，表示强调
<hr>	<hr>或者<hr/>	一条水平线，表示内容的分隔
<span>	<span>文本</span>	装饰性标签，可对标签中的文本进行特别样式设置

2. 特殊字符

特殊字符在 HTML 中具有特殊的含义，如果无法通过键盘直接输入，可以根据对应的实体名称进行输入，详情如表 2-4 所示。

表 2-4　特殊字符

特 殊 字 符	基 本 语 法	字 符 实 体
空格	& 实体名称;	
"	& 实体名称;	&quot;
&	& 实体名称;	&amp;
<	& 实体名称;	&lt;
>	& 实体名称;	&gt;
¥	& 实体名称;	&yen;
·	& 实体名称;	&middot;

【示例 2-2】　文本标签、特殊字符的使用。

```
<!DOCTYPE html>
<html lang="zh-CN">
<head>
    <meta charset="UTF-8">
    <meta name="keywords" content="唐诗，宋词">
    <meta name="description" content="这里是古诗词爱好者的乐园,致力于让古诗文爱好
者更便捷地发表及获取古诗文相关资料。">
    <title>古诗词爱好者乐园</title>
</head>
<body>
    <h3>关雎</h3>
    <p>
    <strong>[作者]</strong>无名氏   <strong>[朝代]</strong>先秦</p>
    <hr/>
    <p>
    关关雎鸠,在河之洲。窈窕淑女,君子好逑。<br />参差荇菜,左右流之。窈窕淑女,寤寐求
之。<br />求之不得,寤寐思服。悠哉悠哉,辗转反侧。<br />参差荇菜,左右采之。窈窕淑女,
琴瑟友之。<br />参差荇菜,左右芼之。窈窕淑女,钟鼓乐之。
    </p>
</body>
</html>
```

上述代码在 Chrome 浏览器中的运行结果如图 2-4 所示。

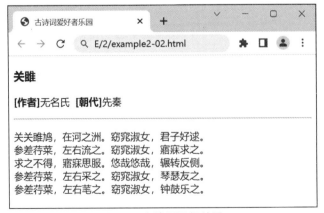

图 2-4　古诗词运行结果

2.3.2 图片标签

图片标签主要用于在网页中插入图片,使得网页内容更加丰富多彩,以提升用户体验,图片标签及其常用属性如表 2-5 所示。

表 2-5　图片标签

标签	基 本 语 法	常 用 属 性
\<img\>	\<img src="图片文件路径"\>或者 \<img src="图片文件路径"/\>	src:设置显示图片的 URL
		alt:设置图片的替代文本信息
		title:设置图片的提示文本信息
		width:设置图片的宽度
		height:设置图片的高度

【示例 2-3】　在网页中插入一张图片并设置图片大小。

```
<!DOCTYPE html>
<html lang="zh-CN">
<head>
    <meta charset="UTF-8">
    <meta http-equiv="X-UA-Compatible" content="IE=edge">
    <meta name="keywords" content="唐诗, 宋词">
    <meta name="description" content="这里是古诗词爱好者的乐园,致力于让古诗文爱好
者更便捷地发表及获取古诗文相关资料。">
    <title>古诗词爱好者乐园</title>
</head>
<body>
    <h4>关雎</h4>
    <hr/>
    <img src="lady.jpg" width="500"/>
</body>
</html>
```

上述代码在 Chrome 浏览器中的运行结果如图 2-5 所示。

图 2-5　插入图片运行结果

2.3.3 媒体标签

媒体标签主要包括音频和视频标签,用于向网页中插入音频、视频等多媒体内容,媒体标签及其常用属性如表 2-6 所示。

表 2-6 媒体标签

标签	基 本 语 法	常 用 属 性
＜video＞	＜video src＝"视频文件路径"＞ ＜video/＞	src:设置要播放视频文件的 URL
		autoplay:设置视频在就绪后马上播放
		controls:设置向用户显示控件,例如播放按钮
		loop:设置播放完成后再次开始播放
		width:设置视频播放器的宽度
		height:设置视频播放器的高度
＜audio＞	＜audio src＝"音频文件路径"＞ ＜audio/＞	src:设置要播放音频文件的 URL
		autoplay:设置音频在就绪后马上播放
		controls:设置向用户显示控件,例如播放按钮
		loop:设置播放完成后再次开始播放

【示例 2-4】 在网页中嵌入一段视频并设置视频播放器的宽度。

```
<!DOCTYPE html>
<html lang="zh-CN">
<head>
    <meta charset="UTF-8">
    <title>视频播放</title>
</head>
<body>
    <video src="Peach_blossom.mp4" controls="controls" width="900"></video>
</body>
</html>
```

上述代码在 Chrome 浏览器中的运行结果如图 2-6 所示。

图 2-6 视频运行结果

2.3.4　列表标签

列表标签使相关内容以列表的方式显示,以告诉搜索引擎和浏览器这些内容是一个整体,包括有序列表、无序列表和自定义列表三种,列表标签及其常用属性如表 2-7 所示。

表 2-7　列表标签

标签	基 本 语 法	常用属性及说明

`<ol>`	`<ol>`
	　　`<li>`列表项`<li>`
	`</ol>`
		type:设置列表的类型,可取值为 1、A、a、I、i

		start:设置列表中的起始点
		reversed:设置列表倒序

`<ul>`	`<ul>`
	　　`<li>`列表项`<li>`
	`</ul>`
		type:设置列表的类型,可取值为 disc、square、circle

`<dl>`	`<dl>`
	　　`<dt>`列表项`</dt>`
	　　`<dd>`描述内容`</dd>`
	`</dl>`
		一个列表项可以对应多重描述,或者多个列表项对应同一个描述,`<dt>`与`<dd>`在其中数量不限,对应关系不限

【示例 2-5】　创建无序列表并设置列表类型为 square,并使有序列表和无序列表嵌套显示。

```html
<!DOCTYPE html>
<html lang="zh-CN">
<head>
    <meta charset="UTF-8">
    <title>列表</title>
</head>
<body>
    <ul type="square">
        <li>唐诗三百</li>
            <ol>
                <li>登鹳雀楼</li>
                <li>山中送别</li>
                <li>登黄鹤楼</li>
            </ol>
        <li>宋词三百</li>
            <ol>
                <li>鹊踏枝·几日行云何处去</li>
                <li>清平乐·雨晴烟晚</li>
                <li>浣溪沙·一曲新词酒一杯</li>
            </ol>
    </ul>
</body>
</html>
```

上述代码在 Chrome 浏览器中的运行结果如图 2-7 所示。

图 2-7　列表运行结果

2.3.5　表格标签

表格标签可用于网页布局和信息的表格化组织，以行和列的形式将信息展示出来，主要包括＜table＞、＜tr＞、＜th＞和＜td＞等标签。其中，＜table＞标签用于定义一个表格对象，＜tr＞标签定义表格行，＜th＞标签定义表头，＜td＞标签定义表格单元，表格标签及其常用属性如表 2-8 所示。

表 2-8　表格标签

标签	基本语法	常用属性
＜table＞	＜table＞＜table/＞	border：设置表格边框的宽度
		cellpadding：设置单元边沿与其内容之间的空白
		cellspacing：设置单元格之间的空白
		width：设置表格的宽度
		height：设置表格的高度
＜tr＞	＜tr＞＜tr/＞	valign：设置表格行中内容的垂直对齐方式，可选 top、middle、bottom、baseline
		align：设置表格行的内容对齐方式，可选 right、left、center、justify 等
		bgcolor：设置表格行的背景颜色
＜th＞	＜th＞＜th/＞	width：设置表格单元格的宽度
		height：设置表格单元格的高度
＜td＞	＜td＞＜td/＞	colspan：设置单元格跨越的列数
		rowspan：设置单元格跨越的行数

【示例 2-6】　使用表格标签创建一张课表，并设置边框宽度为 1px。

```
<!DOCTYPE html>
<html lang="zh-CN">
<head>
```

```html
    <meta charset="UTF-8">
    <title>表格</title>
</head>
<body>
    <table border="1">
        <caption>课表</caption>
        <tr>
          <th>时间</th>
          <th>星期一</th>
          <th>星期二</th>
          <th>星期三</th>
          <th>星期四</th>
          <th>星期五</th>
        </tr>
        <tr>
          <td>1-2 节</td>
          <td>/</td>
          <td>/</td>
          <td>计算机基础</td>
          <td>/</td>
          <td>C 语言</td>
        </tr>
        <tr>
            <td>3-4 节</td>
            <td>计算机基础</td>
            <td>/</td>
            <td>/</td>
            <td>C 语言</td>
            <td>/</td>
        </tr>
        <tr>
            <td>5-6 节</td>
            <td>/</td>
            <td>篮球</td>
            <td>/</td>
            <td>汇编语言</td>
            <td>高等数学</td>
        </tr>
        <tr>
            <td>7-8 节</td>
            <td>英语</td>
            <td>/</td>
            <td>/</td>
            <td>中国文化导论</td>
            <td>/</td>
        </tr>
    </table
</body>
</html>
```

上述代码在 Chrome 浏览器中的运行结果如图 2-8 所示。

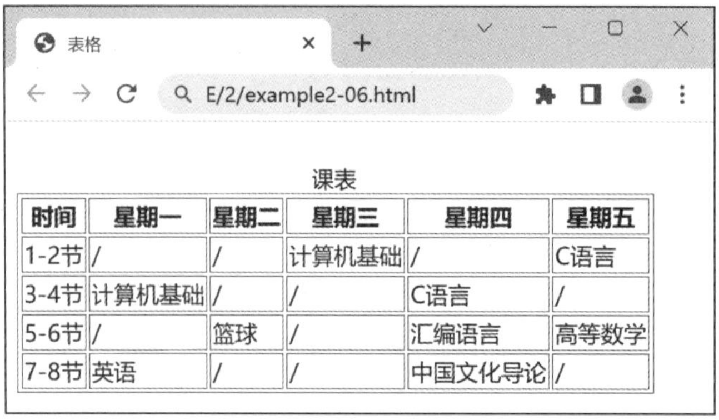

图 2-8　表格运行结果

2.3.6　超链接标签

超链接是指从一个网页指向另一个目标的连接关系,包含三个部分,分别是链接源、链接目标和链接路径。通过单击文本或者图片,可从一个页面跳转到另一个目标,这个目标可以是另一个网页,可以是相同网页上的不同位置,也可以是一张图片、一个电子邮件地址、一个文件,甚至是一个应用程序。

超链接标签及其常用属性如表 2-9 所示。

表 2-9　超链接标签及其常用属性

标签	基 本 语 法	常 用 属 性
<a>	<a>文本或者图片<a/>	href:设置链接指向的页面的 URL
		target:设置在何处打开链接页面,可选 _blank、_parent、_self、_top、framename
		download:设置被下载的超链接目标的文件名

表 2-9 中,"_blank"表示在新窗口打开链接页面;"_parent"表示在上一级窗口打开链接页面;"_self"表示默认在同一个窗口打开链接页面;"_top"表示在整个窗口打开链接页面,忽略任何框架;"framename"表示在指定框架中打开链接页面。

根据链接路径的不同,超链接可以划分为内部超链接、外部超链接和书签超链接(也称为锚点超链接)三种类型。其中,内部超链接是指在同一个网站内部,不同网页之间的链接;外部超链接是指跳转到当前网站外部其他页面或者元素的链接;书签超链接是指目标端点为网页中的某个书签(锚点)的链接,可实现"返回顶部"的效果,当页面滑到最底层时,单击"返回顶部"按钮,页面会自动滑到页面的最顶层。

根据链接源对象的不同,可分为文本超链接、图片超链接和图片热点区域超链接三种类型。

根据链接目标的不同,可分为网页超链接、书签超链接、多媒体文件超链接、E-mail 超链接、空超链接、脚本超链接和文件下载超链接,如图 2-9 所示。其中,脚本超链接将脚本作为链接目标;文件下载超链接将后缀名为.doc、.rar、.zip 等的文件作为链接目标,可以获得文件的下载链接。

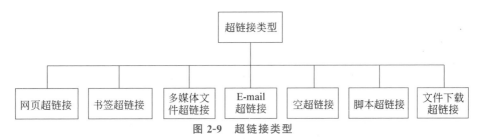

图 2-9　超链接类型

　　链接路径可分绝对路径和相对路径。其中,绝对路径指目录下的绝对位置。考虑到系统的健壮性,在项目开发过程中,绝对路径使用较少。相对路径指以指定文件所在路径为基点,引起的跟其他文件或者文件夹的路径关系。链接路径中的基本符号及其含义如下所示。

　　(1)"/"表示根目录。

　　(2)"./"表示同级目录,可省略,与指定文件存放在同一个文件夹中。

　　(3)"../"表示上一级目录,存放在指定文件的上一级文件夹中。

　　(4)下一级目录,需在链接文件名前添加"下一级目录名/"。

　　【示例 2-7】　使用超链接标签分别创建文本和图片超链接,完成页面的跳转和图片文件的下载,其中,图片超链接设置为在新窗口打开,并可通过书签超链接,从页面底部返回页面顶部。

```html
<!DOCTYPE html>
<html lang="zh-CN">
<head>
    <meta charset="UTF-8">
    <title>超链接</title>
</head>
<body>
    <p>
        <!--创建书签-->
        <a id="index">超链接示例</a>
    </p>
    <p>
        <a href="https://www.gushiwen.cn/">古诗文网</a>
    </p>
    <p>
        <a href="https://www.gushiwen.cn/" target="_blank">
            <img src="poetry.jpg" width="300">
        </a>
    </p>
    <p>
        <a href="Landscape.mp4" download="Landscape China">
            <img border="0" src="download.png" width="10">单击下载
        </a>
    </p>
    <p>
        <!--书签链接的值一般为:链接路径+"#"+书签名,若书签与书签链接在同一个页面,则
不用加链接路径-->
```

```
            <a href="#index">返回页面顶部</a>
        </p>
</body>
</html>
```

上述代码在 Chrome 浏览器中的运行结果如图 2-10 所示。

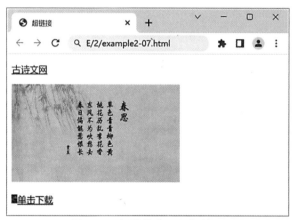

图 2-10　超链接代码运行结果

注意：默认情况下，未被访问的超链接带有下画线而且是蓝色；已被访问的超链接带有下画线而且是紫色；活动超链接带有下画线而且是红色。

2.3.7　＜div＞标签

＜div＞标签是一个双标签，主要作为容器标签使用。每一对＜div＞＜/div＞标签在HTML 页面中都会构建一个区块，可通过该标签将页面划分为大小不一的分区。＜div＞标签及其常用属性如表 2-10 所示。

表 2-10　＜div＞标签及其常用属性

标　签	基 本 语 法	常 用 属 性
＜div＞	＜div＞文本＜/div＞	id：设置元素的唯一 id
		hidden：设置内容隐藏
		style：设置样式

【示例 2-8】　使用＜div＞、＜p＞和＜h3＞标签创建一个块级元素，并设置颜色为蓝色，其中一个＜p＞标签设置为内容隐藏。

```
<!DOCTYPE html>
<html lang="en">
<head>
    <meta charset="UTF-8">
    <meta http-equiv="X-UA-Compatible" content="IE=edge">
    <meta name="viewport" content="width=device-width, initial-scale=1.0">
    <title>div</title>
```

```
    </head>
    <body>
        <div style="color:#0000FF">
            <h3>这是一个在 div 元素中的标题。</h3>
            <p>这是一个在 div 元素中的文本。</p>
            <p hidden="hidden">这是一段隐藏的段落。</p>
        </div>
    </body>
</html>
```

上述代码在 Chrome 浏览器中的运行结果如图 2-11 所示。

图 2-11　＜div＞标签代码运行结果

◇ 2.4　表 单 标 签

表单可以采集用户的输入数据,然后将数据提交给服务器。表单由三个基本部分组成,如下所示。

(1)表单标签:包括处理表单数据所用程序的 URL,以及数据提交到服务器的方法。

(2)表单域:包括文本框、密码框、隐藏域、多行文本框、复选框、单选框、下拉选择框和文件上传框等。

(3)表单按钮:包括提交按钮、复位按钮和一般按钮。

2.4.1　表单标签简介

表单标签＜form＞＜/form＞用于申明表单,定义采集数据的范围,也就是将＜form＞和＜/form＞里面包含的数据提交到服务器。表单标签及其常用属性如表 2-11 所示。

表 2-11　表单标签及其常用属性

标签	基 本 语 法	常 用 属 性
＜form＞	＜form name="表单名称" method="提交方法" action="处理程序"＞ ＜/form＞	action:指定接收并处理表单数据的服务器的 URI 地址
		method:设置表单数据的提交方式,值为 get 或者 post
		name:指定表单的名称
		novalidate:规定提交表单时不进行验证
		autocomplete:规定表单是否启用自动完成功能,默认开启(on),也可设置为关闭(off)

表单标签＜form＞的属性 method 默认为 get,此方式下,提交字符的长度不能超过 8k,不能传送非 ASCII 码字符,且所有变量名和值都会显示在 URL 中。若属性 method 的值为 post,提交字符的长度和类型没有限制,且通过 HTTP POST 发送的变量不会显示在 URL 中。

2.4.2 输入标签

＜input＞标签用于收集用户输入的信息,并规定了用户可以在其中输入的字段,常在＜form＞标签中使用。＜input＞标签输入字段的类型有多种,取决于该标签的 type 属性。该标签及其常用属性如表 2-12 所示,注意,如果没有 name 属性,或者设置了 disabled＝"disabled"属性,＜input＞中的信息在提交＜form＞时不会被发送。

表 2-12　输入标签及其常用属性

标签	基本语法	常用属性
＜input＞	＜input type＝"元素类型" name＝"元素名称"/＞	type：设置不同类型的输入元素
		name：指定输入元素的名称
		disabled：禁用该标签
		checked：页面加载时预先选定该标签
		readonly：规定输入字段为只读
		maxlength：规定允许输入的最大字符数
		size：规定＜input＞标签显示宽度
		autocomplete：规定＜input＞输入字段是否启用自动完成功能,默认开启(on),也可设置为关闭(off)
		autofocus：规定页面加载时,＜input＞标签自动获得焦点
		list：引用＜datalist＞标签,包含＜input＞元素预定义的选项

属性 type 规定＜input＞元素的类型,包括普通按钮 button、复选框 checkbox、文件域 file、隐藏域 hidden、图像提交按钮 image、密码域 password、单选框 radio、重置按钮 reset、提交按钮 submit 和文字域 text。

相比 HTML 4.01,HTML 5 中新增如下类型：拾色器 color、日期字段 date(带 calendar 控件)、日期字段 datetime 和 datetime-local(带 calendar 和 time 控件)、日期字段的月 month 和周 week(带 calendar 控件)、日期字段的时分秒 time(带 time 控件)、e-mail 地址 email、数字字段 number(带 spinner 控件)、数字字段 range(带 slider 控件)、搜索文本字段 search、电话号码文本字段 tel 以及 URL 文本字段 url。

例如,通过＜input＞的 list 属性,引用＜datalist＞标签,实现选项列表的效果,相关代码如下所示。

```
首都:<input type="text" name="capital" list="capitals">
    <datalist id="capitals">
        <option value="北京">北京</option>
```

```
            <option value="上海">上海</option>
            <option value="深圳">深圳</option>
            <option value="广州">广州</option>
        </datalist><br>
```

2.4.3　文本域标签

使用<textarea>标签表示多行文本框，又称为文本域。文本域中可容纳无限数量的文本，文本的默认字体是等宽字体，通常是 Courier、Arial 等。可以通过 cols 和 rows 属性来设置 textarea 的尺寸，不过更推荐使用 CSS 的 height 和 width 属性。文本域标签及其常用属性如表 2-13 所示。

表 2-13　文本域标签及其常用属性

标签	基 本 语 法	常 用 属 性
<textarea>	<textarea name="文本域名称" rows="行数" cols="字符数"> 文本 </ textarea>	name：设置文本域名称
		rows：指定文本行数
		cols：指定文本区域的可见宽度
		maxlength：设置文本区域最大长度（以字符计）

2.4.4　选择列表标签

<select>和<option>标签可创建单选或多选列表。其中，<select>标签用于声明选择列表；<option>标签定义下拉列表中的一个选项。创建选择列表必须同时使用这两个标签。选择列表标签及其常用属性如表 2-14 所示。

表 2-14　选择列表标签及其常用属性

标签	基 本 语 法	常 用 属 性
<select>	<select name="名称" size="显示的选项数目"> <option value="选项值">选项一</option> <option value="选项值">选项二</option> </select>	size：指定显示的选项数目
		value：设置选项值
		selected：设置默认选项
		multiple：规定可选择多个选项

【示例 2-9】　综合使用表单标签创建一个表单。

```
<!DOCTYPE html>
<html lang="en">
<head>
    <meta charset="UTF-8">
    <meta http-equiv="X-UA-Compatible" content="IE=edge">
    <meta name="viewport" content="width=device-width, initial-scale=1.0">
    <title>表单</title>
</head>
```

```html
<body>
    <form>
        <!-- text 文本框 -->
        用户名:<input type="text" name="username" placeholder="请输入用户名"
autofocus><br>
        <!-- password 密码框 -->
        密码:<input type="password" name="psw" required><br>
        邮箱:<input type="email" name="email" autocomplete="off"><br>
        电话:<input type="tel" name="tel"><br>
        年龄:<input type="number" name="age" min="1" max="150"><br>
        籍贯:<input type="text" name="birthplace" list="birthplaces">
        <datalist id="birthplaces">
            <option value="北京">北京</option>
            <option value="上海">上海</option>
            <option value="深圳">深圳</option>
            <option value="广州">广州</option>
        </datalist><br>
        生日:<input type="date" name="birthday"><br>
        <!-- radio 单选按钮 -->
        <!-- name 是表单元素名字 这里性别单选按钮必须有相同的 name 值 -->
        <!-- 单选按钮和复选框可以设置 checked 属性,页面打开时会默认选中 -->
        性别:<label for="male">男</label><input type="radio" name="sex" id="
male" checked="checked">
        <!--<label>标签为 input 元素定义标注,当选择该标签时,浏览器自动将焦点转到和
标签相关的表单控件上-->
        <label for="female">女</label><input type="radio" name="sex" id="
female"><br>
        <!-- checkbox 复选框 -->
        爱好:旅游<input type="checkbox" name="m1"> 阅读<input type="checkbox"
name="m2"> 听戏<input type="checkbox" name="m3"><br>
        个人网站:<input type="url" name="url"><br>
        喜欢的颜色:<input type="color" name="color"><br>
        <!-- multiple 规定输入域中可选择多个值 -->
        生活照:<input type="file" name="pic" multiple><br>
        个人简介:<textarea name="文本域" rows="5" cols="50" placeholder="请在此
处,输入个人简介"></textarea><br>
        <!-- submit 按钮可以把表单域 form 内的表单元素里面的值提交给后台服务器 -->
        <input type="submit" value="提交">
        <!-- 重置按钮可以还原表单元素的初始状态 -->
        <input type="reset" value="重置">
    </form>
</body>
</html>
```

上述代码在 Chrome 浏览器中的运行结果如图 2-12 所示。

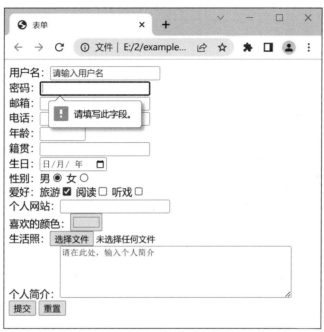

图 2-12 表单标签代码运行结果

◆ 2.5 语义标签

在 HTML5 发布之前,HTML 页面中的不同内容区块常通过无明确含义的<div>标签来划分。语义标签和<div>标签相比,在搜索引擎优化、代码维护和可访问性上更具有优势。

(1)搜索引擎优化 SEO:通过搜索引擎优化,可更好地识别网站内容,提高页面和网站的权重。

(2)代码维护:语义标签使网站源代码更易于 Web 开发者阅读,便于代码的维护和扩展。

(3)可访问性:语义标签使移动设备的屏幕阅读器和浏览器更好地解释代码,可访问性强。

语义标签包括文档头部、文档主体和文档尾部语义标签。

2.5.1 文档头部语义标签

1.<header>标签

<header>标签是 HTML 5 新增标签,可定义文档或节的页眉。该标签仅起语义化的作用,和<div>标签一样,对页面内容没有任何显示效果。网页中,可使用多个<header>标签,表示各个区域的页眉,但不能放在<footer>、<address>标签内,也不能作为自身的子元素,即<header>标签不能放在<header>标签中。该标签及其常用属性如表 2-15 所示。

表 2-15　＜header＞标签及其常用属性

标　签	基　本　语　法	常　用　属　性
＜header＞	＜header＞内容＜/header＞	style：规定元素的行内 CSS 样式
		dir：规定元素中内容的文本方向，dir＝"ltr|rtl"，ltr 为默认选项，文本方向从左向右；rtl 规定文本方向从右向左

2. ＜nav＞标签

＜nav＞标签用于定义菜单、目录等导航链接块，它可以在＜header＞元素内部使用，也可以单独使用。该标签只起语义的作用，其中的内容没有显示效果，只表示该区域是导航链接部分，通常是一个超链接列表。

【示例 2-10】　使用＜nav＞标签定义一个导航链接。

```
<!DOCTYPE html>
<html>
<head>
    <meta charset="utf-8">
</head>
<body>
    <!--定义导航链接-->
    <nav>
        <!--"#"表示一个空链接,单击空链接,页面不会发生变化-->
        <a href="#">HTML</a> |
        <a href="#">CSS</a> |
        <a href="#">Javascript</a> |
        <a href="#">jQuery</a>
    </nav>
</body>
</html>
```

上述代码在 Chrome 浏览器中的运行结果如图 2-13 所示。

图 2-13　导航链接运行结果

2.5.2　文档主体语义标签

1. ＜main＞标签

＜main＞标签规定页面中的主要内容，该标签中的内容在页面里是唯一的，即不能出现一个以上的＜main＞标签,也不应包含页面中重复出现的内容,例如侧栏、导航栏、版权信息、站点标志和搜索表单等,也不能是以下标签的后代:＜article＞、＜aside＞、＜footer＞、＜header＞和＜nav＞。

2.＜section＞标签

＜section＞标签定义文档中的元素,例如,章节、标题或文档中具有相同主题的任何其他区域。该标签和＜div＞标签不一样,不是用来定义局域样式的,而是用来定义一个明确的主题,通常含有一个标题(h1～h6),但如果是文章,通常采用＜article＞标签。

3.＜article＞标签

＜article＞元素本身包含有意义的内容,可以是文章、博客、评论、杂志等内容。该标签中的内容是完整的、独立的,此内容通常有它自己的标题,甚至可以包含自己的脚注。该标签可嵌套使用,但一般需要外部内容和内部内容有关联。

4.＜aside＞标签

＜aside＞标签可定义其所处内容之外的内容,该内容应该与附近的内容相关,例如,可以包含与当前页面或主要内容相关的引用、侧边栏、广告、导航条等有别于主要内容的部分。此标签可与＜article＞、＜section＞一起使用。

2.5.3　文档尾部语义标签

＜footer＞标签跟＜header＞标签类似,可作为整体页面的单独架构元素,表示页面的页脚;也可以作为部分元素内的架构元素,表示部分的页脚。例如,可以定义页脚联系方式、版权信息、使用条款、站点地图、对页面顶部链接的引用,也可以在一个页面中使用多个＜footer＞标签。

【示例 2-11】　综合使用语义标签创建一个语义化标签框架。

```
<!DOCTYPE html>
<html lang="en">
<head>
    <meta charset="UTF-8">
    <meta name="viewport" content="width=device-width, initial-scale=1.0">
    <title>语义化标签</title>
    <style>
        body,header,nav,main,article,aside,footer{
            margin: 0;
            padding: 0;
            background-color: burlywood;
        }
        header,nav,main,article,aside,footer{
            display: block;
        }
        header{
            width: 1000px;
```

```
            height: 50px;
            margin: 10px auto;
            background-color: beige;
        }
        footer{
            width: 1000px;
            height: 50px;
            margin: 10px auto;
            background-color: beige;
        }
        nav{
            width: 1000px;
            height: 60px;
            margin: 10px auto;
            background-color: wheat;
        }
        main{
            width: 1000px;
            height: 200px;
            margin: 10px auto;
            background-color: wheat;
            overflow: hidden;
        }
        main aside:first-child{
            float: left;
            width: 200px;
            height: 200px;
            margin-right: 10px;
            background-color: pink;
        }
        main article{
            float: left;
            width: 580px;
            height: 200px;
            margin-right: 10px;
            background-color: skyblue;
        }
        main aside:last-child{
            float: left;
            width: 200px;
            height: 200px;
            background-color: pink;
        }
    </style>
</head>
<body>
    <header><h1 style="text-align:center">头部</h1></header>
    <nav><h1 style="text-align:center">导航栏</h1></nav>
    <main>
        <aside><h1 style="text-align:center">左侧边栏</h1></aside>
```

```
            <article><h1 style="text-align:center">中间主体部分</h1></article>
            <aside><h1 style="text-align:center">右侧边栏</h1></aside>
    </main>
    <footer>
            <p><h1 style="text-align:center">底部</h1></p>
    </footer>
</body>
</html>
```

上述代码在 Chrome 浏览器中的运行结果如图 2-14 所示。

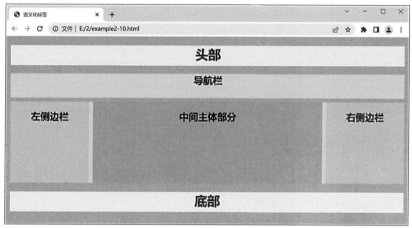

图 2-14 语义标签代码运行结果

◆ 2.6 HTML 标签类型

在 HTML 中,HTML 标签大体被分为三种不同的类型,分别是块级元素、行内元素/内联元素和行内块级元素/内联块级元素。HTML 中的标签大多数都是块级元素或行内元素。块级元素占据其父元素(容器)的整个水平空间,垂直空间等于其内容高度,而行内元素只占据它对应内容所包含的空间。

注意:标签类型能互相转换,可通过 display CSS 属性实现。

(1) display:inline 转换为行内元素;

(2) display:block 转换为块级元素;

(3) display:inline-block 转换为行内块级元素。

1. 块级元素

块级元素是指本身属性为 display:block 的元素。通常使用块级元素来进行大布局/大结构的搭建,因为它具有以下特点。

(1) 布局上:独占一行,其后的元素也另起一行,可以容纳行内元素和其他块级元素。

(2) 样式上:设置 width、height 有效,可以设置盒子模型的相关 CSS 属性,在不设置宽度的情况下,块级元素的宽度是它父级元素内容的宽度,在不设置高度的情况下,块级元素的高度是它本身内容的高度。

常用的块级元素如表 2-16 所示。

表 2-16　常见的块级元素

标　签	描　述	标　签	描　述
＜div＞	常用块级容器	＜p＞	内容
＜h1＞	大标题	＜ol＞	有序列表
＜h2＞	副标题	＜ul＞	无序列表
＜h3＞	三级标题	＜li＞	列表项
＜h4＞	四级标题	＜section＞	定义区段
＜h5＞	五级标题	＜header＞	定义页眉
＜h6＞	六级标题	＜form＞	交互表单
＜hr＞	水平分隔线	＜footer＞	页脚

2. 行内元素

行内元素是指本身属性为 display:inline 的元素。通常使用行内元素来进行文字、小图标/小结构的应用,因为它具有以下特点。

(1)布局上:和其他元素从左到右在一行排列,只能容纳文本或者其他行内元素,不能在行内元素中嵌套块级元素。

(2)样式上:行内元素的宽度和高度是由文字、图标等内容本身的大小决定的,不能直接控制,只能使用盒模型部分属性,例如 padding、line-height、margin-left 和 margin-right。

常用的行内元素如表 2-17 所示。

表 2-17　常用的行内元素

标　签	描　述	标　签	描　述
＜span＞	常用行内容器	＜br＞	强制换行
＜a＞	超链接	＜u＞	下画线
＜b＞	加粗	＜small＞	小型文本
＜strong＞	加粗强调	＜em＞	斜体强调
＜i＞	斜体	＜sub＞	上标文本

3. 行内块级元素

行内块级元素是指本身属性为 display：inline-block 的元素,可以理解为行内元素和块级元素的结合体,综合了它们的特性,但是各有取舍。行内块级元素的特点如下所示。

(1)布局上:不自动换行,和其他行内元素或者行内块级元素都显示在同一行,能够识别宽度和高度,默认排列方式为从左到右。

（2）样式上：可以设置 width、height、margin、padding 等盒模型相关属性。

常用的行内块级元素如表 2-18 所示。

表 2-18　常用的行内块级元素

标　　签	描　　述	标　　签	描　　述
<img>	图片	<textarea>	多行文本输入框
<input>	文本框	<button>	按钮

【示例 2-12】　行内元素与块级元素。

```html
<!DOCTYPE html>
<head>
    <meta charset="UTF-8">
    <title>行内与块级</title>
    <style type="text/css">
        .div1 {
            background-color: rgb(213, 236, 175);
        }
        .span1 {
            background-color: rgb(255, 179, 0);
        }
    </style>
</head>
<body>
    <div class="div1">我是块级元素 1</div>
    <div class="div1">我是块级元素 2</div>
    <span class="span1">我是行级元素 1</span>
    <span class="span1">我是行级元素 2</span>
</body>
</html>
```

上述代码在 Chrome 浏览器中的运行结果如图 2-15 所示。

图 2-15　行内元素与块级元素的代码运行结果

【示例 2-13】　行内元素与块级元素的转换。

```html
<!DOCTYPE html>
<head>
    <meta charset="UTF-8">
    <title>行内转块级</title>
```

```
    <style type="text/css">
        .div1 {
            background-color: rgb(213, 236, 175);
            display: inline;
            ;
        }
        .span1 {
            background-color: rgb(255, 179, 0);
            display: block;
        }
    </style>
</head>
<body>
    <div class="div1">我是块级元素 1</div>
    <div class="div1">我是块级元素 2</div>
    <span class="span1">我是行级元素 1</span>
    <span class="span1">我是行级元素 2</span>
</body>
</html>
```

上述代码在 Chrome 浏览器中的运行结果如图 2-16 所示。

图 2-16　行内元素与块级元素的转换代码运行结果

【示例 2-14】　行级元素与行内块级元素的转换。

```
<!DOCTYPE html>
<head>
    <meta charset="UTF-8">
    <title>行内转行内块</title>
    <style>
        span {
            display: inline-block;
            background-color: yellow;
        }
    </style>
</head>
<body>
    <!-- 行内元素转换为行内块级元素 -->
    <span>行内转行内块</span>
    <span>行内转行内块</span>
    <span>行内转行内块</span>
```

```
  </body>
</html>
```

上述代码在 Chrome 浏览器中的运行结果如图 2-17 所示。

图 2-17 行级元素与行内块级元素的转换代码运行结果

2.7 HTML 标签综合实例

【示例 2-15】 综合使用 HTML 标签。

```
<!DOCTYPE html>
<html lang="en">
  <head>
    <meta charset="UTF-8" />
    <title>HTML 标签综合实例</title>
  </head>
  <body>
    <table width="920" align="center" border="1">
      <tr>
        <td colspan="2" align="center">
          <!-- 页面导航 -->
          <header width="920">
            <nav id="acHead">
              <a href="#">生</a>
              <a href="#">且</a>
              <a href="#">净</a>
              <a href="#">丑</a>
            </nav>
          </header>
        </td>
      </tr>
      <tr>
        <main width="920">
          <td align="center" width="220">
            <!-- 主体左侧边栏 -->
            <aside style="font-size:20px;">
              <table border="0" width="220" align="center">
                <capttion>国粹京剧</capttion>
                <thead>
```

```
          <tr>
            <td>
              <div align="center">四大行当:生、旦、净、丑</div>
            </td>
          </tr>
        </thead>
        <tbody style="font-size: smaller;">
          <tr>
            <td><div>四大名旦:梅兰芳、程砚秋、尚小云、荀慧生</div></td>
          </tr>
        </tbody>
      </table>
    </aside>
  </td>
  <!-- 页面主体部分 -->
  <td>
    <!-- 表单展示 -->
    <section id="acRegist" name="acRegist">
      <div align="cener" style="font-size:1.5rem;">表单展示</div>
      <h3>用户注册</h3>
      <form action="" method="POST">
        <!-- 输入用户名 -->
        <section>
          <label for="username">用户名:</label>
          <input type="text" id="username" name="username" maxlength="
20" required placeholder="用户名不少于 6 个字符" autofocus/>
        </section>
        <!-- 输入密码 -->
        <section>
          <label for="userpwd">密码:</label>
          < input type="password" id="userpwd" name="userpwd" required
placeholder="密码不少于 6 位" maxlength="30"/>
        </section>
        <!-- 选择戏曲种类 -->
        <section>
          <label for="scrite">戏曲:</label>
          <span>
            <input type="radio" id="male" name="gender" value="male" />
            <label for="male">京剧</label>
            < input type="radio" id="female" name="gender" value="
female"/>
            <label for="female">豫剧</label>
            < input type="radio" id="scrite" name="gender" value="
scrite" checked/>
            <label for="scrite">黄梅戏</label>
          </span>
        </section>
        <!-- 选择爱好 -->
        <section>
          <label for="">兴趣爱好:</label>
```

```html
        <span>
          <input type="checkbox" id="readbook" value="看书"/>
          <label for="readbook">看书</label>
          <input type="checkbox" id="music" value="听音乐"/>
          <label for="music">听音乐</label>
          <input type="checkbox" id="movie" value="看电影"/>
          <label for="movie">看电影</label>
          <input type="checkbox" id="program" value="写程序" checked/>
          <label for="program">写程序</label>
        </span>
      </section>
      <!-- 提交和重置按钮 -->
      <section>
        <div>
          <input type="submit" value="提交" />
          <input type="reset" value="重置" />
        </div>
      </section>
    </form>
  </section>
  <hr width="700" size="1"/>
  <!-- 表格展示 -->
  <section id="acTable" name="acTable">
    <div align="cener" style="font-size:1.5rem;">表格展示</div>
    <table width="500" height="250" border="1" cellpadding="5" align
="center">
      <colgroup>
        <col />
        <col/>
        <col span="2" />
        <col />
        <col />
      </colgroup>
      <caption style="font-size:1.5rem; margin-bottom: 10px;">
      京剧简介
      </caption>
      <thead>
        <tr align="center">
          <td>代表人</td>
          <td>派系</td>
          <td>名作</td>
        </tr>
      </thead>
      <tbody>
        <tr align="center">
          <td>梅兰芳</td>
          <td>梅派</td>
          <td>贵妃醉酒</td>
        </tr>
        <tr align="center">
```

```
                <td>程砚秋</td>
                <td>程派</td>
                <td>锁麟囊</td>
             </tr>
           </tbody>
         </table>
       </section>
       <hr width="700" size="1"/>
       <!-- 列表展示 -->
       <section id="acList" name="acList" align="left" style="font-size:
20px;">
         <div align="cener" style="font-size:18px;">列表展示</div>
         <!-- 无序列表 -->
         <ul>
           <h2>京剧简介</h2>
           <li>
               京剧,又称平剧、京戏等,中国国粹之一,是中国影响最大的戏曲剧种,分布
地以北京为中心,遍及全国各地。
           </li>
           <li>
               与来自湖北的汉调艺人合作,同时接受了昆曲、秦腔的部分剧目、曲调和表
演方法,又吸收了一些地方民间曲调,通过不断的交流、融合,最终形成京剧。
           </li>
         </ul>
         <!-- 有序列表 -->
         <ol>
           <li>
               京剧的唱腔属板式变化体,以二簧、西皮为主要声腔。
           </li>
           <li>
               京剧伴奏分文场和武场两大类,文场以胡琴为主奏乐器,武场以鼓板为主。
           </li>
           <li>
               京剧的角色分为生、旦、净、丑、杂、武、流等行当,后三行已不再立专行
           </li>
         </ol>
       </section>
     </td>
   </main>
 </tr>
 <tr>
   <td colspan="2" align="center">
     <!-- 网页页脚展示 -->
     <footer width="920">
       <nav>
         <a href="#">页脚</a>
       </nav>
     </footer>
   </td>
 </tr>
```

```
    </table>
  </body>
</html>
```

上述代码在 Chrome 浏览器中的运行结果如图 2-18 所示。

图 2-18　综合实例代码运行结果

❖ 2.8　习　　题

一、选择题

1. 下列 HTML 可以产生复选框的是(　　)。
　　A. <input type="check">　　　　　　B. <checkbox>
　　C. <check>　　　　　　　　　　　　D. <input type="checkbox">
2. 下面关于 HTML 说法错误的是(　　)。
　　A. HTML 是一种标记语言　　　　　　B. HTML 可以控制页面和内容的外观
　　C. HTML 文档总是静态的　　　　　　D. HTML 文档是超文本文档
3. HTML 指的是(　　)。
　　A. 超文本标记语言(Hyper Text Markup Language)

    B. 家庭工具标记语言（Home Tool Markup Language）

    C. 超链接和文本标记语言（Hyperlinks and Text Markup Language）

    D. 文本标记语言（Text Markup Language）

4. Web 标准的制定者是（　　　）。

    A. 微软　　　　　　　　　　　　　　B. 万维网联盟（W3C）

    C. 网景公司（Netscape）　　　　　　　D. 英特尔公司

5. 用 HTML 标记语言编写一个简单的网页，网页最基本的结构是（　　　）。

    A. ＜html＞＜head＞…＜/head＞＜frame＞…＜/frame＞＜/html＞

    B. ＜html＞＜title＞…＜/title＞＜body＞…＜/body＞＜/html＞

    C. ＜html＞＜title＞…＜/title＞＜frame＞…＜/frame＞＜/html＞

    D. ＜html＞＜head＞…＜/head＞＜body＞…＜/body＞＜/html＞

6. 以下标记符中，用于设置页面标题的是（　　　）。

    A. ＜title＞　　　　B. ＜caption＞　　　　C. ＜head＞　　　　D. ＜html＞

7. 以下标记符中，没有对应的结束标记的是（　　　）。

    A. ＜body＞　　　　B. ＜br＞　　　　C. ＜html＞　　　　D. ＜title＞

8. 以下标记符中的换行符标记是（　　　）。

    A. ＜body＞　　　　B. ＜font＞　　　　C. ＜br＞　　　　D. ＜p＞

9. 在 HTML 中，标记＜pre＞的作用是（　　　）。

    A. 标题标记　　　　　　　　　　　　B. 预排版标记

    C. 转行标记　　　　　　　　　　　　D. 文字效果标记

10. 下面的（　　　）特殊符号表示的是空格。

    A. "　　　　B. 　　　　C. &　　　　D. &copy

11. 下列（　　　）是在新窗口中打开网页文档。

    A. _self　　　　B. _blank　　　　C. _top　　　　D. _parent

12. 在网页中，必须使用（　　　）标记来完成超级链接。

    A. ＜a＞…＜/a＞　　　　　　　　　　B. ＜p＞…＜/p＞

    C. ＜link＞…＜/link＞　　　　　　　　D. ＜li＞…＜/li＞

13. 下面的（　　　）特殊符号表示的是换行。

    A. ＜/br＞　　　　B. 　　　　C. ＜/amp＞　　　　D. &copy

14. 以下标记符中，用于设置段落的是（　　　）。

    A. ＜p＞　　　　B. ＜caption＞　　　　C. ＜h＞　　　　D. ＜html＞

二、填空题

1. 文件头标记也就是通常所见到的＿＿＿＿＿标记。

2. 创建一个 HTML 文档的开始标记符是＿＿＿＿＿，结束标记符是＿＿＿＿＿。

3. 标记是 HTML 中的主要语法，分为＿＿＿＿＿标记和＿＿＿＿＿标记两种。大多数标记是＿＿＿＿＿出现的，由＿＿＿＿＿标记和＿＿＿＿＿标记组成。

4. 把 HTML 文档分为＿＿＿＿＿和＿＿＿＿＿两部分。＿＿＿＿＿部分就是在 Web 浏览器窗口的用户区内看到的内容，而＿＿＿＿＿部分用来设置该文档的标题（出现在 Web 浏览器窗口的标题栏中)和文档的一些属性。

5. 表格的标记是_____,单元格的标记是_____。

三、简答题

1. 行内元素和块级元素的区别是什么？常见的行内元素有哪些,块级元素有哪些?

2. HTML 5 的文档结构标签主要有哪些,简述各标签的作用。

3. 简述一个 HTML 文档的基本结构。

4. html 和 htm 两者之间有什么区别?

5. HTML 表单的作用和常用表单标签。

6. 简述语义标签的优势。

四、编程题

1. 编程实现图 2-19 页面效果。

图 2-19　编程题 1

2. 根据图 2-20,补充代码。

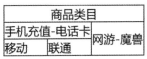

图 2-20　编程题 2

```
<!DOCTYPE html>
<html lang="en">
<head>
    <meta charset="UTF-8">
    <title>练习</title>
</head>
<body>
    <table border="1" cellspacing="0" cellpadding="0">
    <!--代码补充处-->

    </table>
</body>
</html>
```

3. 编程实现图 2-21 页面效果。

课表

时间	星期一	星期二	星期三	星期四	星期五
1-2节	Java编程	数据结构	计算机基础	/	C语言
3-4节	计算机基础	算法分析	操作系统	C语言	/
5-6节	/	篮球	/	汇编语言	高等数学

图 2-21　编程题 3

第3章

CSS 基 础

CSS（Cascading Style Sheets，层叠样式表）是一种用来定义 HTML 或者 XML 等结构化文档样式的计算机语言，它不仅可以静态地修饰网页，也能与各种脚本语言协同工作，实现对网页元素的动态设置。基于 CSS 技术，可以将页面的内容与表现形式分离。若要进行全局样式更新，只需简单地修改样式，即可实现网站中对应元素样式的自动更新。

◆ 3.1 CSS 简介

3.1.1 基本语法

样式表由一系列 CSS 规则组成，规则主要由选择器和声明（一条或者多条）构成。样式表示例如下。

```
selector{declaration 1; declaration 2; ··· ; declaration N}
```

选择器通常是需要改变样式的 HTML 元素，每条声明由一个属性和一个属性值组成。属性是希望设置的样式属性，每个属性有一个值，属性和值之间用冒号分隔，如下所示。

```
selector{property:value}
```

【示例 3-1】 声明示例。

声明示例代码如图 3-1 所示，其作用是将<h1>元素内的文字颜色定义为蓝色，同时将字体大小设置为 12 像素，注意：

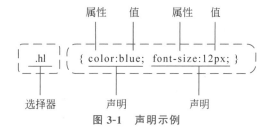

图 3-1 声明示例

（1）值可以有不同写法和单位。

（2）如果值为若干单词,则需要将值放入引号内。

（3）如果不止一个声明,则需要使用分号将每个声明分隔。

（4）是否包含空格不会影响 CSS 在浏览器的工作效果。

（5）CSS 一般对大小写不敏感。

（6）选择器可以进行分组,用逗号将需要分组的选择器分开。

【示例 3-2】 用 CSS 定义段落颜色为蓝色。

```
p{color: blue;}
p{color: #0000ff;}
p{color: #00f;}
p{color: rgb(0,0,255);}
p{color: rgb(0%,0%,100%);}
```

被分组的选择器可共享相同的声明。示例 3-3 中对所有的标题元素进行了分组,设置所有的标题元素颜色为绿色。

【示例 3-3】 用 CSS 设置标题颜色为绿色。

```
h1,h2,h3,h4,h5,h6{
    color: green;
}
```

3.1.2 引入方式

当读到一个样式表时,浏览器会根据它来格式化 HTML 文档。CSS 样式按其所在位置可以分为行内样式、内部样式和外部样式三类。

1. 行内样式

将 CSS 样式直接书写在 HTML 标签内部,称为行内样式或者内联样式,是 CSS 样式的一种基本形式,如示例 3-4 所示。

【示例 3-4】 行内样式。

```
<h1 style="color:red;font-size:24px;">行内样式</h1>
```

行内样式需要书写在标签的 style 属性中,样式属性和值之间用冒号分隔,多个样式之间用分号分隔。

行内样式存在不足：如果一个页面中有大量标签,其中还包含很多重复标签,仍需要给每个标签都编写行内样式,这是一件非常麻烦的事情。此外,将 HTML 标签与 CSS 样式混杂、耦合在一起,也不利于代码的调试和修改,所以行内样式仅作为 CSS 样式的一种基本形式,并不提倡在实际项目中使用。

2. 内部样式

内部样式将 CSS 样式添加在＜head＞与＜/head＞标签之间,并用＜style＞与＜/style＞标签进行声明。内部样式将 CSS 样式与 HTML 标签分离,使页面更加整洁。

【示例 3-5】　内部样式。

```
<!Doctype html>
<html>
<head>
    <meta charset="utf-8">
    <title>内部样式</title>
    <!--将CSS样式添加在<head>与</head>标签之间,并用<style>与</style>标签进行
声明-->
    <style>
        p {
            color: red;
            font-size: 24px;
        }
    </style>
</head>
<body>
        <p>内部样式</p>
</body>
</html>
```

内部样式优于行内样式,可以实现 CSS 样式与 HTML 标签的分离。但是,内部样式只对当前页面有效,如果多个页面中有很多相同的样式,CSS 代码冗余度较大,因此内部样式也并不提倡使用。

3. 外部样式

外部样式是存储在一个单独的外部 CSS 文件中的 CSS 规则。利用网页文件头部中的 <link> 标签,该文件被链接到 Web 站点中的一个或多个页面上。

使用外部样式表,可通过改变一个 CSS 文件来改变整个站点的外观。外部样式表可以在任何文本编辑器中被编辑,但是不能包含任何 HTML 标签,以“.css”扩展名进行保存。

当样式需要应用于很多页面时,外部样式表将是最理想的选择。

【示例 3-6】　外部样式。

```
<!Doctype html>
<html>
<head>
    <meta charset="utf-8">
    <title>外部样式</title>
    <!--<link>标签引用外部css文件,为文档获取相应的样式-->
    <link rel="stylesheet" href="color.css">
</head>
<body>
        <p>外部样式</p>
</body>
</html>
```

在这段代码中,使用<link>元素引入外部样式,rel 属性用于设置链接的关系,这里设

置为样式表,href 属性用于设置外部样式的文件路径。

◇ 3.2 CSS 选择器

CSS 选择器是一种模式,用于选择需要设置样式的 HTML 元素。使用 CSS 选择器可以对 HTML 页面中的标签实现一对一、一对多或者多对一的控制。

CSS 选择器有标签选择器、ID 选择器、类选择器、复合选择器、伪元素选择器以及伪类选择器等。

3.2.1 标签选择器

标签选择器用于控制标签的样式,是指用 HTML 标签名称作为选择器,然后按标签名称为页面中某一类标签指定统一的 CSS 样式,创建或更改标签的 CSS 规则后,所有标签名对应的元素的样式都会立即更新,语法格式如下所示。

```
标签名{属性1:属性值1; 属性2:属性值2; …; 属性n:属性值n;}
```

标签选择器的优点是能快速地为页面中同类型的标签统一样式;但同时,这也是它的缺点: 不够灵活,不能提供差异化样式。

3.2.2 ID 选择器

ID 选择器通过 HTML 元素的 ID 属性对它进行唯一性标识,ID 选择器定义时名称前加"＃",且名称必须是字母或下画线开头,不能是数字,其语法格式如下所示。

```
#ID名{属性1:属性值1; 属性2:属性值2; …; 属性n:属性值n;}
```

【示例 3-7】 CSS 中 ID 选择器的应用。

```
#red {color: red;}
#green {color: green;}
```

在上述 HTML 代码中,ID 为 red 的<p>元素内容显示为红色,而 ID 为 green 的<p>元素内容显示为绿色。

【示例 3-8】 HTML 中 ID 选择器的应用。

```
<p id="red">这个段落是红色。</p>
<p id="green">这个段落是绿色。</p>
```

在 Web 页面中,多个 HTML 标签可以设置相同 ID,浏览器可正常解析,但是,当页面中 JavaScript 根据 document.getElementById("ID")定位标签时,无法准确定位,如示例 3-9 所示。

【示例 3-9】 页面中 JavaScript 定位元素的示例。

```
<!Doctype html>
<html>
```

```
<head>
    <meta charset="utf-8">
    <title>页面中 JavaScript 定位元素的示例</title>
    <style>
        #red {
            color: red;
            font-size: 24px;
        }
    </style>
    <script language"javascript">
        window.onload = function () {
            var aa = document.getElementById("red");
            console.log(aa.innerHTML);                //仅在控制台输出第一个 ID 选择器
        }
    </script>
</head>
<body>
    <p id="red">第一个 ID 选择器</p>
    <p id="red">第二个 ID 选择器</p>
</body>
</html>
```

运行代码后,浏览器控制台只输出第一个 ID 为 red 的元素内容,并不能输出所有 ID 为 red 的元素内容。

3.2.3　类选择器

类选择器是用户自定义名称的选择器,使样式作用于被 class 属性限定的 HTML 元素。类选择器在网页中可以应用任意多次,定义时名称前加“.”,且名称必须是字母和下画线开头,不能是数字,其语法格式如下所示。

.类名{属性 1:属性值 1; 属性 2:属性值 2; …; 属性 n:属性值 n;}

类选择器可以为元素对象定义单独或相同的样式,使用时需要设置 HTML 元素的 class 属性,并指定属性值为类选择器的名称,具体使用方法如下所示。

<p class="blue">这是类选择器</p>

类选择器的使用不局限于某个元素,而是适用于所有具有 class 属性的元素。例如,以上为<p>元素设置的类选择器同样可以作用于<h1>元素,使用方法如下所示。

<h1 class="blue">这里也可以使用类选择器</h1>

【示例 3-10】　类选择器的使用方法。

```
<!Doctype html>
<html>
<head>
```

```
<meta charset="utf-8">
<title>类选择器的使用方法</title>
<style>
    .red{
        color:red;
        font-size:20px;
    }
    .blue{
        color:blue;
        font-size:25px;
    }
</style>
</head>
<body>
    <p class="red">红色字段</p>
    <p class="blue">蓝色字段</p>
    <h3 class="blue">H3 蓝色字段</h3>
</body>
</html>
```

运行这段代码后,效果如图 3-2 所示。

图 3-2   类选择器的使用方法

类选择器可为任何具有 class 属性的元素设置样式。当页面中包含多个相同元素,且大部分元素使用相同样式,个别元素使用不同样式时,可以先使用标签选择器为所有元素设置相同样式,再使用类选择器为个别元素设置不同样式。

【示例 3-11】 类选择器设置不同样式。

```
<!Doctype html>
<html>
<head>
    <meta charset="utf-8">
    <title>类选择器设置不同样式</title>
    <style>
        p{
            color:blue;
            font-size:24px;
        }
        .red{
```

```
            color:red;
            font-size:30px;
        }
    </style>
</head>
<body>
    <p>默认段落样式</p>
    <p>默认段落样式</p>
    <p class="red">特殊段落样式</p>
    <p>默认段落样式</p>
    <p>默认段落样式</p>
</body>
</html>
```

运行代码,效果如图 3-3 所示。

图 3-3　类别选择器设置不同样式

3.2.4　复合选择器

复合选择器由两个或多个基本选择器,通过不同的方式组合而成,可选择更准确、更精细的目标元素,包括上下文关系选择器、交集选择器和并集选择器。

1. 上下文关系选择器

上下文关系选择器简称关系选择器,也称为派生选择器,常见的关系选择器有后代选择器、子代选择器和相邻兄弟选择器。

（1）后代选择器。

后代选择器可选择元素的后代元素,语法格式如下所示。

选择器 1 选择器 2{属性 1:属性值 1; 属性 2:属性值 2; …; 属性 n:属性值 n;}

外层标签写在前面,内层标签写在后面,中间用空格分隔。当标签发生嵌套时,内层标签就成为外层标签的后代。

【示例 3-12】　后代选择器。

```
<!Doctype html>
```

```
<html>
    <head>
    <meta charset="utf-8">
    <title>后代选择器</title>
    <style>
        p span{
            color:red;
        }
        span{
            color:green;
        }
    </style>
</head>
<body>
    <p>嵌套<span>标记</span>的颜色</p>
    没有嵌套<span>标记</span>的颜色
</body>
</html>
```

运行代码,效果如图 3-4 所示。

图 3-4　后代选择器

(2) 子代选择器。

子代选择器,也称父子选择器,是特殊的后代选择器,用来选择某元素的直接后代,语法格式如下所示。

选择器 1>选择器 2{属性 1:属性值 1; 属性 2:属性值 2; …; 属性 n:属性值 n;}

父子选择器之间用大于号"＞"分隔,子代选择器一般放在后代选择器之后,否则,后代选择器的效果会被子代选择器覆盖,如示例 3-13 所示。

【示例 3-13】　子代选择器。

```
<!DOCTYPE html>
<html lang="en">
<head>
    <meta charset="UTF-8">
    <meta name="viewport" content="width=device-width, initial-scale=1.0">
    <title>子代选择器</title>
    <style>
        #links a {
            color: red;
            /*元素 links 的所有超链接为红色*/
        }
```

```
            #links>a {
                color: blue;
                /*元素 links 的首个超链接被修改为蓝色*/
            }
        </style>
    </head>
    <body>
        <div id="links">
            <a href="">超链接 1</a>
            <div>
                <a href="">超链接 2</a>
                <a href="">超链接 3</a>
            </div>
        </div>
    </body>
</html>
```

运行代码,效果如图 3-5 所示。

图 3-5　子代选择器

下述代码中,因为所有<li>都是<ul>的后代,因此,所有列表项都为蓝色。

```
ul>li{
    color:blue;
    }
```

(3) 相邻兄弟选择器。

相邻兄弟选择器可选择紧接在另一元素后的元素,且二者有相同父元素,语法格式如下所示。

选择器 1+选择器 2{属性 1:属性值 1; 属性 2:属性值 2; …; 属性 n:属性值 n;}

选择器使用相邻兄弟结合符“+”分隔,例如,“h1 + p {color:red;}”表示选择紧接在<h1>标签后出现的段落,设置其字体颜色为红色。其中,<h1>和<p>标签拥有共同的父标签<body>。

2. 交集选择器

交集选择器由两个选择器构成,其中第一个为标签选择器,第二个为类选择器或 ID 选择器,两个选择器之间不能有空格,语法格式如下所示。

选择器 1 选择器 2{属性 1:属性值 1; 属性 2:属性值 2; …; 属性 n:属性值 n;}

【示例 3-14】 交集选择器。

```html
<!Doctype html>
<html>
<head>
    <meta charset- "utf-8">
    <title>交集选择器</title>
    <style>
        div{
        width:400px;
        height:100px;
        margin-left:50px;
        color:white;
        font-size:24px;
        font-weight:bold;
        text-align:center;
        line-height:100px;
        background:lightgreen;
        }
        .red{
            background:lightred;
        }
        .blue{
            background:lightblue;
        }
        div.green{/*交集选择器*/
            color:black;
        }
    </style>
</head>
<body>
    <div class="red">红底白字</div>
    <div class="green">绿底黑字</div>
    <div class="blue">蓝底白字</div>
</body>
</html>
```

运行代码,效果如图 3-6 所示。

图 3-6   交集选择器

3. 并集选择器

并集选择器可同时选中多个基本选择器所选元素范围。任何形式的选择器都可以组成"并集",多个选择器之间通过逗号","连接,使用并集选择器与单独使用各个基本选择器的效果一样,语法格式如下所示。

选择器 1,选择器 2{属性 1:属性值 1; 属性 2:属性值 2; …; 属性 n:属性值 n;}

【示例 3-15】　并集选择器。

```html
<!Doctype html>
<html>
<head>
    <meta charset-"utf-8">
    <title>并集选择器</title>
    <style>
        h2,li,.class1,#id{/*并集选择器*/
            color:blue;
            font-size:24px;
        }
    </style>
</head>
<body>
    <h2>第一行数据</h2>
    <p class="class1">第二行数据</p>
    <div id="id">第三行数据</div>
</body>
</html>
```

运行代码,效果如图 3-7 所示。

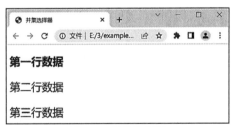

图 3-7　并集选择器

3.2.5　伪元素选择器

伪元素(Pseudo-element)是 HTML 中并不存在的元素,CSS 伪元素用于设置元素指定部分的样式,包括首字母、首行等,例如,"::first-letter"伪元素用于向某个选择器中的第一个字母添加特殊样式。

在 CSS 3 中,伪元素由两个冒号"::"开头,后接伪元素的名称,放在选择器之后,用于选择指定的元素。考虑到兼容性,CSS2 中的伪元素使用一个冒号":"。

伪元素的语法如下所示。

```
selector:: pseudo-element{property:value;}
```

CSS 类也可以与伪元素配合使用，语法如下所示。

```
selector.class::pseudo-element{property:value;}
```

如果要对文本首行设置特殊样式，可使用如下代码。

```
p::first-line{
    color:#ff0000;
    }
```

在伪元素中，"::before"用于在元素之前添加内容，"::after"用于在元素之后添加内容，"::first-line"用于在文本的首行设置特殊样式，且"::first-line"和"::first-letter"只能用于块级元素。

3.2.6 伪类选择器

伪类不特指某一个元素，而是指一个元素的特殊状态，用于向选择器添加特殊的效果。例如，被单击的元素、鼠标移入的元素等。同一个元素，根据不同的状态，有着不同的样式，其语法如下所示。

```
selector:pseudo-class{property:value;}
```

CSS 类也可以与伪类搭配使用，语法如下所示。

```
selector.class:pseudo-class{ property:value;}
```

例如，超链接单击之前样式设定为"a:link{color:#ff0000;}"，详情见 3.3.5 节。

◆ 3.3　CSS 样式

CSS 样式可设置 HTML 页面中的文本、图片内容以及版面布局和外观显示，用以美化网页，常用的 CSS 样式包括字体样式、文本样式、图片样式、背景样式、超链接样式等。

3.3.1　字体样式

字体样式可设置文字的字体族、大小、粗细、是否倾斜、英文字母大小写、字符间距、阴影效果等，字体样式属性和属性值如表 3-1 所示。

表 3-1　字体样式属性和属性值

属　　性	属　性　值
font-family	常用字体包括：楷体、宋体、微软雅黑、Arial、Helvetica、sans-serif 等

续表

属　　　性	属　性　值
font-size	medium，默认值
	length，某个固定值，常用单位为 px、em 和 pt
	百分数（%），相对值，基于父元素或默认值的一个百分比值
	inherit，继承父元素的字体大小
font-weight	normal 默认值，bold 粗字体，bolder 更粗字体，lighter 更细字体，number（范围为 100～900），inherit 继承父级字体粗细
font-style	normal 默认值，itatic 斜体，inherit 继承父级字体风格
text-transform	none 默认值，capitalize 单词以大写字母开头，uppercase 全部大写，lowercase 全部小写，inherit 继承父元素
letter-spacing	normal 默认，字符间没有额外空间，length 定义字符间的固定空间（允许使用负值），inherit 继承父元素
text-shadow	text-shadow: h-shadow、v-shadow、blur、color。其中，水平阴影位置 h-shadow 必需，允许为负值；垂直阴影位置 v-shadow 必需，允许为负值；模糊距离 blur 可选；阴影颜色 color 可选

【示例 3-16】　字体样式。

```
<!DOCTYPE html>
<html lang="en">
<head>
    <meta charset="UTF-8">
    <title>字体样式</title>
    <style>
        .明月几时有{font-style:italic;}
        .把酒问青天{font-style:normal;}
    </style>
</head>
<body>
    <h1 class="明月几时有">明月几时有</h1>
    <h1 class="把酒问青天">把酒问青天</h1>
</body>
</html>
```

运行代码，效果如图 3-8 所示。

图 3-8　字体样式代码效果

注意：将元素粗细设置为 400 相当于 normal，设置为 700 相当于 bold。对于中文网页来说，一般多用 bold 和 normal，不建议使用数值。

【示例 3-17】　设置元素粗细。

```html
<!DOCTYPE html>
<html lang="en">
<head>
    <meta charset="UTF-8">
    <title>设置元素粗细</title>
    <style>
        h1.weight1{font-weight: 100;}
        h1.weight2{font-weight: 200;}
        h1.weight3{font-weight: 300;}
        h1.weight4{font-weight: 400;}
        h1.weight5{font-weight: 500;}
        h1.weight6{font-weight: 600;}
        h1.weight7{font-weight: 700;}
        h1.weight8{font-weight: 800;}
        h1.weight9{font-weight: 900;}
    </style>
</head>
<body>
    <h1 class="weight1">皑如山上雪</h1>
    <h1 class="weight2">皎若云间月</h1>
    <h1 class="weight3">闻君有两意</h1>
    <h1 class="weight4">故来相决绝</h1>
    <h1 class="weight5">今日斗酒会</h1>
    <h1 class="weight6">明旦沟水头</h1>
    <h1 class="weight7">躞蹀御沟上</h1>
    <h1 class="weight8">沟水东西流</h1>
    <h1 class="weight9">凄凄复凄凄</h1>
</body>
</html>
```

运行代码,效果如图 3-9 所示。

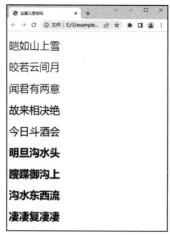

图 3-9　设置元素粗细代码效果

3.3.2　文本样式

文本样式有很多种,常见样式包括文本颜色、行高、文本装饰、水平对齐方式等。

1. 文本颜色

文本颜色 color 用于定义文本的颜色,取值方式有以下三种。

(1) 预定义的颜色值名称,如 red、green、blue 等。

(2) 十六进制色彩码,如♯FF0000、♯FF6600、♯29D794 等。

(3) RGB 三基色代码,如红色可以表示为 rgb(255,0,0)或 rgb(100%,0%,0%)。

实际开发中,常用十六进制颜色定义方式。如果使用 RGB 代码的百分比颜色值,取值为 0 时,也不能省略百分号,必须写为 0%。

【示例 3-18】　文本样式。

```
<!DOCTYPE html>
<html lang="en">
<head>
    <meta charset="UTF-8">
    <title>文本样式</title>
    <style>
        h1.color{color: red;}
        h1.color1{color: #123abc;}
        h1.color2{color: rgb(21, 210, 147);}
    </style>
</head>
<body>
    <h1 class="color">人生若只如初见</h1>
    <h1 class="color1">何事秋风悲画扇</h1>
    <h1 class="color2">等闲变却故人心</h1>
</body>
</html>
```

运行代码,效果如图 3-10 所示。

图 3-10　文本样式代码效果

2. 行高

CSS 样式属性 line-height 用于设置行间的距离，一般称为行高。行高属性值常用单位有 3 种，分别为像素 px、相对值 em 以及百分比％，实际开发中，多用像素 px，如图 3-11 所示。

图 3-11　行高属性值示意

3. 文本装饰

CSS 样式属性 text-decoration 用于设置文本的下画线、上画线、删除线等装饰效果，可用属性值包括以下 4 种。

（1）none 表示没有修饰（默认值）。

（2）underline 表示下画线。

（3）overline 表示上画线。

（4）line through 表示删除线。

注意：text-decoration 后可赋多个值，用于给文本添加多种显示效果。例如，希望文字同时有下画线和删除线效果，可以将 underline 和 linethrough 同时赋给 text-decoration，也可利用 text-decoration 的属性值 none 去掉超链接的下画线。

【**示例 3-19**】　去掉超链接的下画线。

```
<!DOCTYPE html>
<html lang="en">
<head>
    <meta charset="UTF-8">
    <title>去掉超链接的下画线</title>
    <style>
        h1.none{
            text-decoration: none;
        }
        h1.underline{
            text-decoration: underline;
        }
        h1.through{
            text-decoration: line-through;
        }
        h1.overline{
            text-decoration: overline;
        }
    </style>
</head>
```

```
    <body>
        <h1 class="none">万丈穹庐人醉</h1>
        <h1 class="underline">星影摇摇欲坠</h1>
        <h1 class="through">归梦隔狼河</h1>
        <h1 class="overline">又被河声搅碎</h1>
    </body>
</html>
```

运行代码,效果如图 3-12 所示。

图 3-12　去掉超链接的下画线的代码效果

4. 水平对齐方式

水平对齐方式 text-align 属性用于设置文本内容的水平对齐,可用属性值包括:默认值 left 左对齐、right 右对齐和 center 居中对齐。

【示例 3-20】　水平对齐方式 text-align。

```
<!DOCTYPE html>
<html lang="en">
<head>
    <meta charset="UTF-8">
    <title>水平对齐方式 text-align</title>
    <style>
        h1.align_left{
            text-align:left;
        }h1.align_right{
            text-align:right;
        }
        h1.align_center{
            text-align:center;
        }
    </style>
</head>
<body>
    <h1 class="align_left">飞絮飞花何处是</h1>
    <h1 class="align_right">层冰积雪摧残</h1>
    <h1 class="align_center">疏疏一树五更寒</h1>
```

```
</body>
</html>
```

运行代码,效果如图 3-13 所示。

图 3-13　水平对齐方式 text-align 代码效果

3.3.3　图片样式

1. 控制图片的大小

在 CSS 中,利用属性宽度 width 和高度 height 设置图片的大小,height 和 width 属性不包括内边距、边框和外边距,它设置的是元素内容的高度和宽度,如图 3-14 所示。图片大小属性如表 3-2 所示。

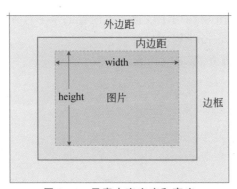

图 3-14　元素内容宽度和高度

表 3-2　图片大小属性

属　　性	值	描　　述
width	auto	默认,浏览器计算实际宽度
	length	以 px、em 等定义宽度
	％	以包含块(父元素)的百分比定义宽度
	inherit	从父元素继承的 width 属性值
height	auto	默认,浏览器计算高度
	length	以 px、em 等定义高度

续表

属　　性	值	描　　述
height	％	以包含块(父元素)的百分比定义高度
	inherit	从父元素继承的 height 属性值

不管图片实际大小是多少,都可使用 width 和 height 来定义。

2. 图片边框

在 CSS 中,使用 border 属性定义图片的边框,border 属性允许指定元素边框的样式、宽度和颜色(表 3-3)。

表 3-3　border 属性

属　　性	描　　述
border-width	指定四个边框的宽度,用于上边框、右边框、下边框和左边框
border-style	指定要显示的边框类型
border-color	设置四个边框的颜色,或者使用 border 简洁写法,如 border: 1px solid gray;

3. 图片水平对齐

text-align 一般用在两个地方:文本水平对齐和图片水平对齐,即 text-align 只对文本和<img>标签有效,对其他标签无效,text-align 属性值如表 3-4 所示。

表 3-4　text-align 属性值

属　性　值	描　　述
left	默认值,左对齐
center	居中对齐
right	右对齐

注意:图片是在父元素中进行水平对齐,因此,若要对图片进行水平对齐,需要在父元素中设置 text-align 属性。

4. 图片垂直对齐

vertical-align 属性设置元素的垂直对齐方式,顶线、中线、基线以及底线位置如图 3-15 所示。vertical-align 属性值如表 3-5 所示。

图 3-15　顶线、中线、基线以及底线位置示意图

表 3-5　vertical-align 属性值

属　性　值	描　　　述
top	顶部对齐,把元素的顶端与行中最高元素的顶端对齐
middle	中部对齐,把此元素放置在父元素的中部
baseline	基线对齐,默认值,元素放置在父元素的基线上
bottom	底部对齐,元素及其后代元素的底部与整行的底部对齐

3.3.4　背景样式

1. background-color 设置背景颜色

```
h1{
    background-color:red;
}
```

2. background-image 设置背景图片

```
body{
    background-image:url(图片路径);
}
```

url 表示引入图片的路径。

3. background-repeat 设置背景的重复方式

若图片大小不能很好适配浏览器窗口,可指定其重复方式。浏览器默认将图片重复铺满全屏,设置背景图片重复方式格式如下所示。

```
body{
    background-repeat:重复方式;
}
```

"no-repeat"表示不重复,"repeat"表示重复,"repeat-x"表示沿 x 轴方向重复,"repeat-y"表示沿 y 轴方向重复。

3.3.5　超链接样式

在浏览器中,默认情况下,超链接字体为蓝色,带有下画线,鼠标单击时字体为红色,单击后为紫色。在 CSS 中,可使用超链接伪类来定义超链接在鼠标单击不同时期的样式,如表 3-6 所示。

表 3-6　超链接伪类

伪　类	描　述
a:link	定义<a>元素未访问时的样式
a:visited	定义<a>元素访问后的样式
a:hover	定义鼠标经过<a>元素的样式
a:active	定义鼠标单击激活时的样式（瞬间）

定义四个伪类，须按照 link、visited、hover、active 的顺序进行，否则，样式可能无法正常生效。

【示例 3-21】　伪类应用。

```
<!DOCTYPE html>
<html>
<head>
    <title>伪类应用</title>
    <style>
        /* 未访问时样式 */
        a:link { color: red; }
        /* 访问后样式 */
        a:visited { color: green; }
        /* 鼠标经过时样式 */
        a:hover { color: hotpink; }
        /* 单击激活时样式 */
        a:active { color: blue; }
    </style>
</head>
<body>
    <h1>伪类选择器应用</h1>
    <p><b><a href="example3-20.html" target="_blank">这是一个超链接</a></b>
 <b><a href="example3-19.html"
            target="_blank">这是另一个超链接</a></b></p>
    <p><b>说明:</b>在 CSS 定义中,a:hover 必须位于 a:link 和 a:visited 之后才能生
效,a:active 必须位于 a:hover 之后才能生效。</p>
</body>
</html>
```

运行代码，效果如图 3-16 所示。

图 3-16　伪类运行效果

◈ 3.4 CSS 变换

CSS 变换通过改变坐标系统,实现元素的平移、旋转、缩放和倾斜等效果,而实现平移、旋转、缩放、倾斜等所使用的方法,称作变换函数,包括 translate、rotate、scale、skew、matrix 等。

3.4.1 渐变

CSS 3 渐变(gradients)是 CSS 3 图片模块中新增的＜image＞类型,可在两个或多个指定颜色之间显示平滑过渡。用渐变代替图片,可以加快页面的载入时间、减小带宽占用。

CSS 3 定义了线性渐变和径向渐变两种类型。

1. 线性渐变

创建线性渐变(linear-gradient),至少要定义两种颜色结点,作为最后想要呈现平稳过渡的颜色,同时,也需要设置一个起点和一个方向或者一个角度,可以选择向下、向上、向左、向右以及对角方向,语法如下。

```
background-image:linear-gradient(direc,color-stop1,color-stop2,…);
```

(1) 从上到下。

下面代码演示了从顶部开始的线性渐变,起点是红色,慢慢过渡到蓝色:

```
#grad1{
    background-image:linear-gradient(red, blue);
}
```

(2) 从左到右。

下面代码演示了从左边开始的线性渐变。起点是红色,慢慢过渡到黄色:

```
#grad2{
    background-image:linear-gradient(to right, red, yellow);
}
```

(3) 对角。

下面代码演示了从左上角开始,到右下角的线性渐变。起点是红色,慢慢过渡到黄色:

```
#grad3{
    background-image:linear-gradient(to bottom right, red, yellow);
}
```

(4) 使用透明度。

CSS 3 渐变也支持透明度(transparent),可用于创建减弱变淡的效果。为添加透明度,可使用 rgba()函数来定义颜色结点,函数最后一个参数可以是 0～1 的值,它定义了颜色的透明度：0 表示完全透明，1 表示完全不透明。

例如，从左到右的线性渐变，带有透明度，代码如下：

```
#grad4{
    background-image:linear-gradient(to right, rgba(255,0,0,0), rgba(255,0,0,1));
}
```

2. 径向渐变

径向渐变(radial-gradient)从一个起点向四周渐变，为创建一个径向渐变，至少要定义两种颜色结点，作为最后想要呈现的平稳过渡的颜色。同时，也可以指定渐变的中心、形状(circle 或 ellipse)和大小，语法如下：

```
background-image: radial-gradient(shape size at position, start-color, …, last
-color);
```

默认情况，渐变中心 position 是 center，渐变的形状 shape 是椭圆形 ellipse，渐变大小 size 是到最远的角落 farthest-corner。

【示例 3-22】 线性渐变和径向渐变。

```
<!DOCTYPE html>
<html lang="en">
<head>
    <meta charset="UTF-8">
    <title>线性渐变和径向渐变</title>
    <style>
        div {
            width: 450px;
            margin: 5px;
            height: 40px;
            font-size: 25px;
        }
        /* 线性渐变 */
        #grad1 {
            background-image: linear-gradient(red, blue);
        }
        #grad2 {
            background-image: linear-gradient(to right, red, yellow);
        }
        #grad3 {
            background-image: linear-gradient(to bottom right, red, yellow);
        }
        #grad4 {
            background-image: linear-gradient(to right, rgba(255, 0, 0, 0), rgba
(255, 0, 0, 1));
        }
        /* 径向渐变 */
        #grad5 {
```

```
            background-image: radial-gradient(red, yellow, green);
        }
        #grad6 {
            background-image: radial-gradient(red 5%, yellow 15%, green 60%);
        }
        #grad7 {
            background-image: radial-gradient(circle, red, yellow, green);
        }
    </style>
</head>
<body>
    <div id="grad1">从上到下</div>
    <div id="grad2">从左到右</div>
    <div id="grad3">对角</div>
    <div id="grad4">使用透明度</div>
    <div id="grad5">颜色结点均匀分布</div>
    <div id="grad6">颜色结点不均匀分布</div>
    <div id="grad7">设置形状</div>
</body>
</html>
```

上述代码在 Chrome 浏览器中的运行结果如图 3-17 所示。

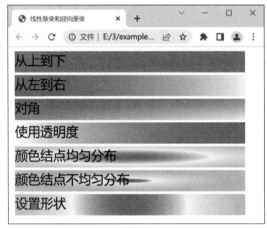

图 3-17 渐变运行结果

3.4.2 转换

转换能对元素进行移动、缩放、转动、拉长或者拉伸,可使用 2D 或者 3D 转换来变换元素。因转换须使用 transform 属性,所以对浏览器版本有要求,有些低版本不支持该属性。

1. 2D 转换

(1) translate(x,y)方法。

使用 translate(x,y)方法,元素根据指定的 x 坐标和 y 坐标位置参数,从当前元素位置移动,也可以使用负值向相反方向移动。例如,方法 translate(50px,100px)把<div>元素从左侧向右移动 50 像素,从顶端向下移动 100 像素。

（2）rotate(angle)方法。

使用 rotate(angle)方法,以指定的度数 angle 顺时针旋转元素,也可使用负值逆时针旋转元素,例如,方法 rotate(30deg)把<div>元素顺时针旋转 30°。

（3）scale(x,y)方法。

使用 scale(x,y)方法,元素根据指定的 x 和 y 参数,定义 2D 缩放转换。例如,方法 scale(2,4)把元素<div>宽度转换为原始宽度的 2 倍,把高度转换为原始高度的 4 倍。

（4）skew(x-angle,y-angle)方法。

使用 skew(x-angle,y-angle)方法,定义沿着 x 轴和 y 轴的 2D 倾斜转换。如果第 2 个参数为空,则默认为 0,参数为负表示向相反方向倾斜。

skewX(angle)表示只在 x 轴倾斜,skewY(angle)表示只在 y 轴倾斜。

例如,方法 skew(30deg,20deg)围绕 x 轴把元素顺时针翻转 30°,围绕 y 轴顺时针翻转 20°。

【示例 3-23】　2D 转换。

```html
<!DOCTYPE html>
<html lang="en">
<head>
    <meta charset="UTF-8">
    <style>
        div {
            width: 100px;
            height: 50px;
            background-color: antiquewhite;
            border: 1px solid red;
        }
        div#div1 {
            transform: translate(150px, 50px);
        }
        div#div2 {
            transform: scale(1, 1.5);
        }
    </style>
</head>
<body>
    <div>
        正常显示
    </div>
    <div id="div1">
        translate()方法,移动
    </div>
    <div id="div2">
        scale()方法,缩放
    </div>
</body>
</html>
```

上述代码在 Chrome 浏览器中的运行结果如图 3-18 所示。

图 3-18　2D 转换运行结果

2. 3D 转换方法

3D 转换将页面看作一个三维空间,对页面中的元素进行移动、旋转、缩放和倾斜等操作,可以对元素进行格式化,让样式更加立体,常用的 3D 转换方法如表 3-7 所示。

表 3-7　常用的 3D 转换方法

属　　性	描　　述
matrix3d(n,n,n,…,n,n,n)	定义 3D 转换,使用 16 个值
translate3d(x,y,z)	定义 3D 转换
translateX(x)	定义 3D 转换,仅使用 x 轴的值
translateY(y)	定义 3D 转换,仅使用 y 轴的值
translateZ(z)	定义 3D 转换,仅使用 z 轴的值
scale3d(x,y,z)	定义 3D 缩放转换
scaleX(x)	定义 3D 缩放转换,通过给定一个 x 轴的值
scaleY(y)	定义 3D 缩放转换,通过给定一个 y 轴的值
scaleZ(z)	定义 3D 缩放转换,通过给定一个 z 轴的值
rotate3d(x,y,z,angle)	定义 3D 旋转
rotateX(angle)	定义沿 x 轴的 3D 旋转
rotateY(angle)	定义沿 y 轴的 3D 旋转
rotateZ(angle)	定义沿 z 轴的 3D 旋转
perspective:number|none;	定义 3D 转换元素的透视视图,number 指定元素与视图的距离,以像素计,默认为 none,与 0 相同

通过 rotateX(angle)方法,元素围绕 x 轴以指定的度数 angle 进行旋转。

【**示例 3-24**】　rotateX(angle)方法应用。

```
<!DOCTYPE html>
<html lang="en">
```

```
<head>
    <meta charset="UTF-8">
    <style>
        body {
            /* 为元素定义 perspective 属性,其子元素会获得透视效果,立体感更强 */
            perspective: 300px;
        }
        div {
            width: 100px;
            height: 150px;
            background-color: antiquewhite;
            margin: 0px auto;
            border: 1px solid red;
        }
        div#div1:hover {
            transform: rotateX(180deg);
            /* 水平旋转 180 度 */
            transition: all 3s;
            /* 为看清旋转效果,用 all 设置多个属性过渡时间为 3s */
            -webkit-transform: rotateX(120deg);
            /* Safari 和 Chrome */
            -moz-transform: rotateX(120deg);
            /* Firefox */
        }
    </style>
</head>
<body>
    <div>
        正常显示
    </div>
    <div id="div1">
        rotateX()方法,3D 旋转
    </div>
</body>
</html>
```

上述代码在 Chrome 浏览器中的运行结果如图 3-19 所示。

图 3-19　rotateX(angle)方法运行结果

3.4.3 过渡和动画

1. 过渡

CSS 3 过渡是某一元素从一种样式逐渐改变为另一种样式的效果。要实现过渡效果，需要指定下列两项内容：

（1）指定添加效果的 CSS 属性。

（2）指定效果的持续时间。

```
div{
    transition:width 2s;
    -webkit-transition:width 2s;/* Safari */
}
```

若未指定时间，默认为 0，transition 没有任何效果。

指定 CSS 属性值更改时，效果会发生变化，例如，将鼠标悬停在一个<div>元素上，逐步改变元素宽度的代码如下所示。

```
div:hover{width:300px;}
```

若要添加多个样式的变换效果，添加的属性可由逗号分隔，表 3-8 列出了常用过渡属性。

```
div{
    transition:width 2s,height 2s,transform 2s;
    -webkit-transition:width 2s,height 2s,-webkit-transform 2s;
}
```

表 3-8　transition 常用过渡属性

属　　性	描　　述
transition-property	规定应用过渡的 CSS 属性的名称
transition-duration	定义过渡效果花费的时间
transition-timing-function	规定过渡效果的速度曲线
transition-delay	规定过渡效果何时开始
transform-origin	设置旋转轴心

2. 动画

动画和过渡类似，但是可以实现更多变化，在 CSS 3 中，创建动画可用以下代码：

```
@keyframes animation-name{keyframes-selector {css-styles;}}
```

@keyframes 语法规则用来定义动画各个阶段的属性值，属性 animation-name 定义动画的名称,属性 keyframes-selector 定义动画时长的百分比,值可为 0%~100%、from(等价 0%)以及 to(等价 100%)。

动画创建完成后,需借助 CSS 动画属性 animation 将动画应用到指定的 HTML 元素。常见动画设置相关属性如表 3-9 所示。

表 3-9　常见动画设置相关属性

属　　性	描　　述
animation	动画属性的简写属性,用于设置 animation-name、animation-duration、animation-timing-function、animation-fill-mode、animation-delay、animation-iteration-count、animation-direction、animation-play-state 八个动画属性
animation-name	规定 @keyframes 动画的名称
animation-duration	规定动画完成一个周期所花费的秒或毫秒,默认 0
animation-timing-function	规定动画的速度曲线,默认 ease
animation-fill-mode	规定动画不播放时(动画播放完或延迟播放时)的状态
animation-delay	规定动画开始之前的延迟时间,默认 0
animation-iteration-count	规定动画被播放的次数,默认 1
animation-direction	规定动画是否在下一周期逆向播放,默认 normal
animation-play-state	规定动画正在运行或者暂停,默认 running

【示例 3-25】　动画设置所有的属性。

```
<!DOCTYPE html>
<html>
<head>
    <style>
        div {
            width: 100px;
            height: 100px;
            background: red;
            position: relative;
            animation: mymove 5s infinite;
        }
        @keyframes mymove {
            0% {
                top: 0px;
                background: red;
                width: 100px;
            }
            100% {
                top: 200px;
                background: yellow;
                width: 300px;
            }
        }
```

```
        </style>
</head>
<body>
    <p><b>说明:</b>此动画在 Internet Explorer 浏览器中无效。</p>
    <div></div>
</body>
</html>
```

上述代码在 Chrome 浏览器中的运行结果如图 3-20 所示。

图 3-20　动画运行结果

◆ 3.5　CSS 三大特性

CSS 有三个非常重要的特性,即继承性、层叠性和优先级。

1. 继承性

继承性是指在嵌套关系的标签之间,子标签会继承父标签的某些样式,如文本颜色和字号。通过继承,只需设置父标签的 CSS 样式属性,子标签就可自动具有父标签的属性,可减少 CSS 代码,便于维护。

2. 层叠性

层叠性是指相同选择器定义的规则发生冲突,由 CSS 层叠性决定标签的最终样式。若存在样式冲突,遵循就近原则,后设置的样式有效;若样式不冲突,则不会产生层叠。

3. 优先级

优先级是指不相同选择器定义的规则发生冲突,由权重值来确定其优先级。选择器相同,执行层叠性;选择器不同,按优先级生效。

选择器权重值由四位组成,代表四个等级,每个等级代表一类选择器。判断权重时,从左往右,依次判断每一位数值的大小,如果数值相同,则判断下一位的数值。最后,每个等级的值相加,得出选择器的权重。

不同选择器权重如表 3-10 所示。

表 3-10　不同选择器权重

等级	选择器	权重
1	!important	无穷大
2	行内样式	1,0,0,0
3	ID 选择器	0,1,0,0
4	类、伪类、属性选择器	0,0,1,0
5	标签选择器、伪元素选择器	0,0,0,1
6	通配符选择器 *	0,0,0,0
7	继承	没有权重

从表 3-10 可以看出,CSS 选择器优先级的规则,即行内样式 ＞ ID 选择器 ＞ 类选择器 ＝ 伪类选择器 ＝ 属性选择器 ＞ 标签选择器 ＝ 伪元素选择器。

权重越大,优先级越高。特殊情况下,需要为某些样式设置最高权值时,可在样式的最后,即分号";"之前,添加"!important",此时,该样式优先级最高。

【示例 3-26】　优先级。

```
<!DOCTYPE HTML>
<html>
<head>
    <meta charset="utf-8">
    <style type="text/css">
        /*样式 1*/
        #child {
            color: red;
        }
        /*样式 2*/
        #parent>span {
            color: blue;
        }
    </style>
    <title></title>
</head>
<body>
    <div id="parent">
        <span id="child" style="font-size: 24px;">
            第一段,样式 2 权重大,该样式生效
        </span>
        <p>
            <span id="child" style="font-size: 24px;">
                第二段,样式 1 生效
            </span>
        </p>
    </div>
</body>
</html>
```

上述代码在 Chrome 浏览器中的运行结果如图 3-21 所示。

图 3-21　优先级运行结果

◆ 3.6　CSS 综合案例

【示例 3-27】　导航条。

```
<!Doctype html>
<html lang="en">
<head>
    <meta charset="UTF-8">
    <title>CSS 制作立体导航</title>
    <style>
        body{
          background: #ebebeb;
        }
        .nav{
          width:560px;
          height: 50px;
          font:bold 0/50px Arial;
          text-align:center;
          margin:40px auto 0;
          background: #f65f57;
          /*制作导航圆角:使用 border-radius 实现圆角*/
          border-radius:10px;
          /*制作导航立体风格:使用 box-shadow 实现立体风格*/
          box-shadow:0px 8px 0 #900;
        }
        .nav a{
          display: inline-block;
          -webkit-transition: all 0.2s ease-in;
          -moz-transition: all 0.2s ease-in;
          -o-transition: all 0.2s ease-in;
          -ms-transition: all 0.2s ease-in;
          transition: all 0.2s ease-in;
        }
        .nav a:hover{
          -webkit-transform:rotate(10deg);
          -moz-transform:rotate(10deg);
          -o-transform:rotate(10deg);
          -ms-transform:rotate(10deg);
          transform:rotate(10deg);
```

```
        }
    .nav li{
        position:relative;
        display:inline-block;
        padding:0 16px;
        font-size: 13px;
        text-shadow:1px 2px 4px rgba(0,0,0,.5);
        list-style: none outside none;
    }
    /*使用伪元素制作导航列表项分隔线:使用渐变与伪元素制作*/
    .nav li::after, .nav li::before{
        content:"";
        position:absolute;
        top:14px;
        height:25px;
        width:1px;
    }
    .nav li::after{
        right: 0;
        background: -moz-linear-gradient(top, rgba(255,255,255,0), rgba
(255,255,255,.2) 50%, rgba(255,255,255,0));
        background: -webkit-linear-gradient(top, rgba(255,255,255,0),
rgba(255,255,255,.2) 50%, rgba(255,255,255,0));
        background: -o-linear-gradient(top, rgba(255,255,255,0), rgba
(255,255,255,.2) 50%, rgba(255,255,255,0));
        background: -ms-linear-gradient(top, rgba(255,255,255,0), rgba
(255,255,255,.2) 50%, rgba(255,255,255,0));
        background: linear-gradient(top, rgba(255,255,255,0), rgba(255,
255,255,.2) 50%, rgba(255,255,255,0));
    }
    nav li::before{
        left: 0;
        background: -moz-linear-gradient(top, #ff625a, #9e3e3a 50%,
#ff625a);
        background: -webkit-linear-gradient(top, #ff625a, #9e3e3a 50%,
#ff625a);
        background: -o-linear-gradient(top, #ff625a, #9e3e3a 50%,
#ff625a);
        background: -ms-linear-gradient(top, #ff625a, #9e3e3a 50%,
#ff625a);
        background: linear-gradient(top, #ff625a, #9e3e3a 50%, #ff625a);
    }
    /*删除第一项和最后一项导航分隔线:使用伪元素删除首尾分隔线*/
    .nav li:first-child::before{
        background: none;
    }
    .nav li:last-child::after{
        background: none;
    }
    .nav a,
```

```
        .nav a:hover{
          color:#fff;
          text-decoration: none;
        }
    </style>
</head>
<body>
    <ul class="nav">
        <li><a href="">Home</a></li>
        <li><a href="">About Me</a></li>
        <li><a href="">Portfolio</a></li>
        <li><a href="">Blog</a></li>
        <li><a href="">Resources</a></li>
        <li><a href="">Contact Me</a></li>
    </ul>
</body>
</html>
```

运行效果如图 3-22 所示。

图 3-22　导航条效果图

◇ 3.7　习　　题

一、选择题

1. CSS 指的是(　　)。
    A. Computer Style Sheets
    B. Cascading Style Sheets
    C. Creative Style Sheets
    D. Colorful Style Sheets

2. 关于 CSS 控制字体样式说法错误的是(　　)。
    A. font：bold 12px "宋体"，指定了字体为加粗的 12px 大小的宋体
    B. font-type 属性用于指定字体的类型，如宋体、黑体等
    C. font-size 属性用于指定字体的大小
    D. font-weight 属性可指定字体的粗细

3. 下列选项中 CSS 语法正确的是(　　)。
    A. body {color：black}
    B. body:color＝black
    C. {body:color＝black(body}
    D. {body；color：black}

4. 在 CSS 文件中插入注释的语法是(　　　)。

　　A. //this is a comment

　　B. //this is a comment //

　　C. / * this is a comment * /

　　D. ' this is a comment

5. CSS 中设置文字大小的属性是(　　　)。

　　A. font-style　　　　B. font-weight　　　　C. font-size　　　　D. size

6. 显示没有下画线的超链接的语法是(　　　)。

　　A. a {text-decoration:none}

　　B. a {text-decoration:no underline}

　　C. a {underline:none}

　　D. a {decoration:no underline}

7. 下面关于 CSS 中 link 和@import 的区别,描述错误的是(　　　)。

　　A. link 属于 XHTML 标签,而@import 完全是 CSS 提供的一种方式

　　B. 当一个页面被加载时,link 引用的 CSS 会同时被加载,而@import 引用的 CSS 会等到页面全部被下载完再被加载

　　C. link 在支持 CSS 的浏览器上都被支持,而@import 只在 5.0 以上的版本有效

　　D. 当使用 JavaScript 控制 DOM 去改变样式时,只能使用@import 方式

8. 页面导入样式文件时,对于使用 link 和@import 说法错误的是(　　　)。

　　A. link 属于 XHTML 标签,除了加载 CSS 外,还能用于定义 RSS,定义 rel 连接属性等作用;而@import 是 CSS 提供的,只能用于加载 CSS

　　B. 页面被加载时,link 和@import 引用的 CSS 都会等到页面被加载完再加载

　　C. @import 是 CSS2.1 提出的,只在 IE5 以上才能被识别,而 link 是 XHTML 标签,无兼容问题

　　D. link 支持使用 JS 控制 DOM 去改变样式,而@import 不支持

9. 下面元素中被称为媒体元素的子元素的是(　　　)。

　　A. <area>　　　　B. <img>　　　　C. <map>　　　　D. <track>

10. 根据规范,以下 HTML 和 CSS 代码解析后,container.clientWidth 的值是(　　　)。

```
<style>
#container {
    width: 200px;
    height: 200px;
    padding: 20px;
    margin: 20px;
    border: solide 10px black;
}
</style>
<div id="container">
content
</div>
```

　　A. 200　　　　　　B. 240　　　　　　C. 280　　　　　　D. 300

11. 如果要运用 CSS 3 动画,需要运用(　　　)规则。

　　A. animation　　　B. keyframes　　　C. flash　　　　D. transition

12. 在 CSS 语言中,(　　　)是"右边框"的语法。

  A. border-right-width：   B. border-right-height：

  C. border-right：   D. border-top-width：

13. Canvas 能够使用(　　)绘制 2D 图形。

  A. XML   B. HTML   C. JavaScript   D. XHTML

14. 用(　　)可以为所有的<h2>元素添加背景颜色。

  A. h2.all {background-color：#FFFFFF}

  B. h2 {background-color：#FFFFFF}

  C. all.h2 {background-color：#FFFFFF}

  D. <h2> {background-color：#FFFFFF}

二、填空题

1. 交集选择器由两个选择器构成，其中第一个为标签选择器，第二个为＿＿＿＿＿＿。

2. CSS 选择器的解析是＿＿＿＿＿＿解析的。若从左向右匹配，发现不符合规则，需要进行＿＿＿＿＿＿，会损失很多性能。若从右向左匹配，先找到所有的最右节点，对于每一个节点，向上寻找其＿＿＿＿＿＿直到找到＿＿＿＿＿＿则结束这个分支的遍历。

3. CSS 有两种类型的长度单位：＿＿＿＿＿＿和＿＿＿＿＿＿，设置 CSS 长度的属性有 width、margin、padding、font-size、border-width 等。

4. 子选择器是特殊的后代选择器，用来选择某个元素的直接后代（间接子元素不适用），父子选择器之间用＿＿＿＿＿＿分隔。

5. RGB 色彩模式是工业界的一种颜色标准，是通过对＿＿＿＿＿＿、＿＿＿＿＿＿、＿＿＿＿＿＿这三个颜色通道的变化以及它们相互之间的叠加来得到各式各样的颜色的。

三、简答题

1. display：none；和 visibility：hidden；的区别是什么？

2. CSS 优先级和权重值如何计算？

3. CSS 可继承的常见属性有哪些？

4. 为什么要初始化 CSS 样式？

5. CSS 优化、提高性能的方法有哪些？

四、编程题

1. 用 CSS 实现一个三角形。

2. 某元素 class＝"font"，设置其字体为 6px，宽高放大两倍。

3. 网站实现如下内容：

(1) 包含 1 个网页。

(2) 完成一个 60px×20px 的区域，作为按钮。其中，按钮四角为圆角，用阴影做出按钮立体效果，光标形状改为手形。

定位和布局

网页布局是 CSS 的一个重点应用。网页布局的传统解决方案是基于盒子模型，依赖 display、position 和 float 属性来控制网页元素的排列。目前流行的网页布局技术主要有 Flex 弹性布局和 Grid 网格布局。

◆ 4.1 盒子模型

盒子模型（Box Model）是描述网页布局的一种矩形盒状的视觉设计。在该模型中，页面上每个元素都被视作一个盒子，并占用一定的页面空间，通过盒子之间的嵌套、叠加、并列等排版，最终形成页面。如前面章节所介绍的 <html>、<div>、<body> 等元素都是盒子，而 <div> 是页面布局中最常见的盒子。

4.1.1 盒子模型原理

盒子模型由外边距（margin）、边框（border）、内边距（padding）和内容（content）部分组成，如图 4-1 所示。

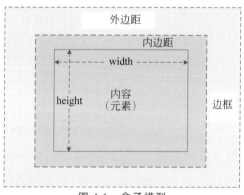

图 4-1　盒子模型

最内部的元素框是实际内容，直接包围内容的是内边距，内边距呈现了元素的背景。内边距的边缘是边框，边框以外是外边距，且默认为透明，因此不会遮挡其后的任何元素。在 CSS 中，width 和 height 是内容区域的宽度和高度，背景区域通常由内容、内边距和边框组成。

1. 盒子边框

盒子边框是一条围绕元素的线,其样式包括宽度、颜色以及风格三方面内容。

(1) 设置边框的宽度。

边框宽度可使用 border-width 统一设置,也可分别对每个方向的边框设置对应宽度。注意,只有当边框样式 border-style 不为 none 时,border-width 才起作用。如果 border-style 为 none,border-width 实际上会重置为 0。边框宽度不允许指定为负值。边框宽度属性如表 4-1 所示。

表 4-1　边框宽度属性

属　　性	描　　述
border-width	简写属性,同时设置边框四个方向的宽度
border-top-width	设置上边框的宽度
border-left-width	设置左边框的宽度
border-right-width	设置右边框的宽度
border-bottom-width	设置下边框的宽度

设置边框宽度的语法如下。

```
border-width: medium|thin|thick|length|inherit;
```

border-width 属性可指定 1～4 个值,各项参数用空格分隔,如表 4-2 所示。

表 4-2　宽度值

取　　值	描　　述
length	自定义边框宽度值,单位可为 px 或 em
thin	细边框
medium	默认值,中等边框
thick	粗边框
inherit	指定继承父元素边框宽度

① 1 个值,表示四个方向宽度一样,例如,p {border-width:thick;},四个边框都为粗边框;

② 2 个值,第 1 个值设置上、下边框的宽度,第 2 个值设置左、右边框的宽度,例如,p {border-width:thick thin;},上下边框粗,左右边框细;

③ 3 个值,第 1 个值设置上边框的宽度,第 2 个值设置左、右边框的宽度,第 3 个值设置下边框的宽度,例如,p {border-width:thick thin medium;},上边框粗,左右边框细,下边框中等;

④ 4 个值,顺时针方向依次设置上、右、下、左边框的宽度,例如,p {border-width:thick thin medium 10px;},上边框粗,右边框细,下边框中等,左边框 10px。

【示例 4-1】 设置边框宽度。

```
<!DOCTYPE html>
<html lang="en">
<head>
    <meta charset="UTF-8">
    <title>设置边框宽度示例</title>
    <style>
    div{
        font-size: 26px;
        margin: 10px;
        border-style: solid;           /* 必须保证边框风格不为 none */
    }
    #box1 {
        border-width: 2px;
    }
        /* 1 个值,同时设置四个方向的边框宽度为 2px */
    #box2 {
        border-width: 2px 4px;
    }
        /* 2 个值,设置上、下边框宽度为 2px,左、右边框宽度为 4px */
    #box3 {
        border-width: 2px 4px 6px;
    }
        /* 3 个值,设置上边框宽度为 2px,左、右边框宽度为 4px,下边框宽度为 6px */
    #box4 {

        border-width: 2px 4px 6px 8px;
    }
        /* 按顺时针方向依次设置上、右、下、左方向的边框分别为 2px、4px、6px 和 8px */
    #box5 {
        border-top-width: 1px;         /* 上边框宽度为 1px */
        border-right-width: 3px;       /* 右边框宽度为 3px */
        border-bottom-width:5px;       /* 下边框宽度为 5px */
        border-left-width:7px;         /* 左边框宽度为 7px */
    }
        /* 使用对应方向的边框宽度属性设置各个边框的宽度 */
</style>
</head>
<body>
    <div id="box1">饮湖上初晴后雨二首·其二 宋 · 苏轼</div>
    <div id="box2">水光潋滟晴方好,</div>
    <div id="box3">山色空蒙雨亦奇。</div>
    <div id="box4">欲把西湖比西子,</div>
    <div id="box5">淡妆浓抹总相宜。</div>
</body>
</html>
```

上述代码运行结果,如图 4-2 所示。

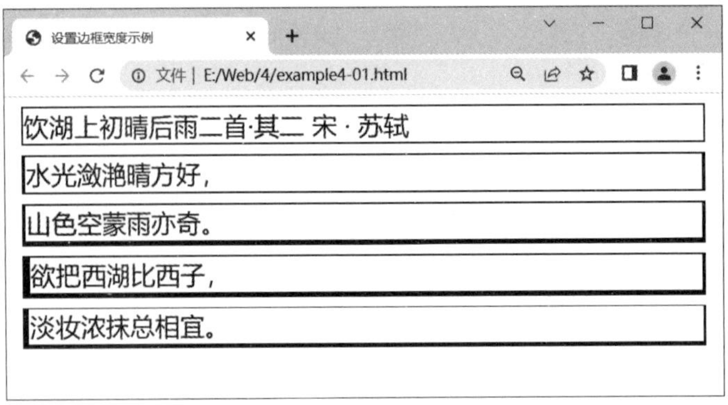

图 4-2　设置边框宽度

（2）设置边框的颜色。

边框颜色可通过 border-color 和"border-方向-color"两种方式来设置，"方向"可取值 top、left、right 以及 bottom。边框颜色属性如表 4-3 所示。

表 4-3　边框颜色属性

属　　性	描　　述
border-color	简写属性，同时设置边框四个方向的颜色
border-top-color	设置上边框的颜色
border-left-color	设置左边框的颜色
border-right-color	设置右边框的颜色
border-bottom-color	设置下边框的颜色

边框颜色设置语法如下。

```
border-color:color_value [color_value] [color_value] [color_value] | inherit;
border-方向-color:color_value | inherit;
```

border-color 属性是简写属性，可设置一个元素的所有边框中可见部分的颜色，或者为四个边分别设置不同颜色。边框颜色取 1 个值时，表示四个方向颜色一样；边框颜色取 2 个值时，第 1 个值设置上、下边框的颜色，第 2 个值设置左、右边框的颜色；边框颜色取 3 个值时，第 1 个值设置上边框的颜色，第 2 个值设置左、右边框的颜色，第 3 个值设置下边框的颜色；边框颜色取 4 个值时，顺时针方向依次设置上、右、下、左边框的颜色。

【示例 4-2】　设置边框颜色。

```
<!DOCTYPE html>
<html lang="en">
<head>
    <meta charset="UTF-8">
    <title>设置边框颜色示例</title>
    <style>
    div{
```

```
            font-size: 26px;
            margin: 10px;
            border-style: solid;          /* 必须保证边框风格不为 none */
            border-width: 3px;            /* 必须保证边框颜色不为 0 */
        }
        #box1 {
            border-color: #00F;
        }
            /* 1 个值,同时设置四个方向的边框颜色为蓝色 */
        #box2 {
            border-color: #0F0 #00F;
        }
            /* 2 个值,设置上、下边框颜色为绿色,左、右边框颜色为蓝色 */
        #box3 {
            border-color: #0F0 #00F #F00;
        }
            /* 3 个值,设置上边框颜色为绿色,左、右边框颜色为蓝色,下边框颜色为红色 */
        #box4 {

            border-color: #0F0 #00F #F00 #FF0;
        }
        /* 按顺时针方向依次设置上、右、下、左方向的边框分别为绿色、蓝色、红色和黄色 */
        #box5 {
            border-top-color: #0F0;       /* 上边框颜色为绿色 */
            border-right-color: #00F;     /* 右边框颜色为蓝色 */
            border-bottom-color:#F00;     /* 下边框颜色为红色 */
            border-left-color:#FF0;       /* 左边框颜色为黄色 */
        }
            /* 使用对应方向的边框颜色属性设置各个边框的颜色 */
</style>
</head>
<body>
    <div id="box1">关雎</div>
    <div id="box2">关关雎鸠,</div>
    <div id="box3">在河之洲。</div>
    <div id="box4">窈窕淑女,</div>
    <div id="box5">君子好逑。</div>
</body>
</html>
```

上述代码运行结果,如图 4-3 所示。

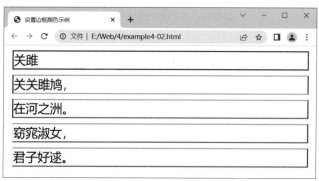

图 4-3　设置边框颜色

（3）设置边框的风格。

边框风格 border-style 用于设置元素边框的样式,或者单独为各边设置边框样式。此属性可以有 1～4 个值,可使用 border-style 统一设置盒子四边的风格,也可分别对每个方向边框设置风格,只有该值不为 none 时边框才出现。边框风格属性如表 4-4 所示。

表 4-4 边框风格属性

属　　性	描　　述
border-style	简写属性,同时设置边框四个方向的风格
border-top-style	设置上边框的风格
border-left-style	设置左边框的风格
border-right-style	设置右边框的风格
border-bottom-style	设置下边框的风格

边框风格设置语法如下。

```
border-style:style [style] [style] [style] | inherit;
border-方向-style: style | inherit;
```

参数 style 用于设置边框形状,边框风格属性值可取 1～4 个,与上述属性效果类似,可统一设置边框形状,也可单独设置,详情如表 4-5 所示。

表 4-5 style 参数

参数值	描　　述
none	定义无边框
hidden	与"none"相同
dotted	定义点状边框,在大多数浏览器中呈现为实线
dashed	定义虚线
solid	定义实线,在大多数浏览器中边框呈现为实线
double	定义双线,双线的宽度等于 border-width 的值
groove	定义 3D 凹槽边框,其效果取决于 border-color 的值
ridge	定义 3D 垄状边框,其效果取决于 border-color 的值
inset	定义 3D inset 边框,其效果取决于 border-color 的值
outset	定义 3D outset 边框,其效果取决于 border-color 的值
inherit	规定应该从父元素继承边框样式

【示例 4-3】 设置边框风格。

```
<!DOCTYPE html>
<html>
<head>
```

```
<meta charset="UTF-8">
<title>设置边框风格示例</title>
<style>
div{
    font-size: 26px;
    margin: 10px;
}
#box1 {
    border-style: solid;
}
    /* 1 个值,同时设置四个方向的风格为实线 */
#box2 {
    border-style: solid dashed;
}
    /* 2 个值,设置上、下边框风格为实线,左、右边框风格为虚线 */
#box3 {
    border-style: solid dashed dotted;
}
    /* 3 个值,设置上边框风格为实线,左、右边框风格为虚线,下边框风格为点线 */
#box4 {
    border-style: solid dashed dotted double;
}
    /* 按顺时针方向依次设置上、右、下、左方向的边框风格分别为实线、虚线、点线和双实
线 */
#box5 {
    border-top-style: solid;      /* 上边框风格为实线 */
    border-right-style: dashed;   /* 右边框风格为虚线 */
    border-bottom-style: dotted;  /* 下边框风格为点线 */
    border-left-style: double;    /* 左边框风格为双实线 */
    /* 使用对应方向的边框风格属性设置各个边框的风格 */
}
</style>
</head>
<body>
    <div id="box1">望海潮</div>
    <div id="box2">东南形胜,三吴都会,</div>
    <div id="box3">钱塘自古繁华。</div>
    <div id="box4">烟柳画桥,风帘翠幕,</div>
    <div id="box5">参差十万人家。</div>
</body>
</html>
```

上述代码运行结果,如图 4-4 所示。

2. 盒子内边距

盒子内边距(padding)定义了边框和内容之间的空白区域,分为上、右、下、左四个方向,可使用 padding 属性统一设置,也可使用"padding-方向"属性来设置指定方向的内边距。内边距属性如表 4-6 所示。

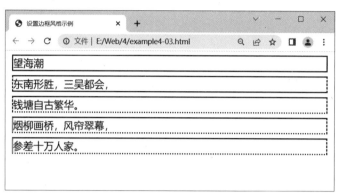

图 4-4　设置边框风格

表 4-6　内边距属性

属　　性	描　　述
padding	简写属性,同时设置边框四个方向的内边距
padding-top	设置上内边距
padding-left	设置左内边距
padding-right	设置右内边距
padding-bottom	设置下内边距

内边距设置语法如下。

```
padding: padding_value [padding_value] [padding_value] [padding_value] |
inherit;
padding-方向:padding_value | inherit;
```

参数 padding_value 可取 1～4 个值,不允许指定负边距值,详情见表 4-7。

表 4-7　内边距参数值

参数值	描　　述
auto	浏览器根据内容自动计算内边距
length	某个具体正数值作为内边距值,默认为 0
%	基于父级元素的宽度来计算内边距
inherit	继承父级元素的内边距

3. 盒子外边距

盒子外边距指盒子边框与周围其他盒子之间的空白区域,分为上、右、下、左四个方向。可使用 margin 属性统一设置,也可使用"margin-方向"属性来设置指定方向的外边距,"方向"可取 1～4 个值,相关属性如表 4-8 所示。

表 4-8　外边距属性

属　　性	描　　述
margin	简写属性,同时设置边框四个方向的外边距
margin-top	设置上外边距
margin-left	设置左外边距
margin-right	设置右外边距
margin-bottom	设置下外边距

外边距设置语法如下。

```
margin:margin_value [margin_value] [margin_value] [margin_value] | inherit;
margin-方向:margin_value | inherit;
```

参数 margin_value 可取 1～4 个值,值之间用空格分隔,外边距参数值如表 4-9 所示。

表 4-9　外边距参数值

参　数　值	描　　述
auto	浏览器根据内容自动计算外边距
length	某个具体正数值作为外边距值,默认为 0
%	基于父级元素的宽度来计算外边距
inherit	继承父级元素的外边距

4.1.2　块级盒子

块级盒子由块级元素生成,具有如下特征。块级盒子模型如图 4-5 所示。

(1) 每个块级盒子独占一行,在内联方向上扩展,并占据父容器在该方向上所有可用空间,一般情况下,子盒子和父容器一样宽。

(2) 每个盒子都会换行。

(3) 可设置宽度和高度属性。

(4) 内边距、外边距和边框属性会将其他元素从当前盒子周围推开。

图 4-5　块级盒子模型

相邻元素外边距合并时,如果两个外边距全为正值,则合并后的外边距等于上面元素 margin-bottom 边距和下面元素 margin-top 边距中较大的那个边距,这种现象称为 margin 的"塌陷"。

类似的,在嵌套元素外边距合并时,当父元素没有内容、内边距或边框时,子元素的上外边距将和父元素的上外边距合并为一个上外边距,且值为较大的那个上外边距。

4.1.3　内联盒子

内联盒子由内联元素生成,具有如下特征。

(1) 盒子不会产生换行。

(2) 宽度和高度属性不起作用。

(3) 垂直方向外边距不起作用。

(4) 水平方向的内边距、外边距以及边框会被应用,且会把其他处于 inline 状态的盒子推开。

相邻内联盒子的水平间距等于左边元素的 margin-right 值加上右边元素的 margin-left 的值。如果相加的值为正,则拉开两元素之间的距离,否则拉近两者的距离。内联盒子模型如图 4-6 所示。

图 4-6　内联盒子模型

【示例 4-4】　块级盒子模型与内联盒子模型对比。

```
<!DOCTYPE html>
<html>
<head>
    <meta charset="utf-8">
    <style type="text/css">
        div[name="block"]{
            background-color: rgb(253, 251, 180);
            font-size: 30px;
        }
        div[name="block"] div:first-child{
            border: 1px solid red;
            width: 200px;
            height: 150px;
            font-size: 30px;
        }
        div[name="block"] div:last-child{
            border: 1px solid green;
            margin: 10px auto;
            font-size: 30px;
        }
        div[name="inline"]{
            background-color: lightblue;
            height: 150px;
            font-size: 30px;
        }
        div[name="inline"] span:first-of-type{
```

```
        border: 1px solid black;
        /*该盒子在垂直方向的边距,不会影响第二个子内联盒子 */
        margin: 30px 50px;
        font-size: 30px;
        background-color: rgb(193, 192, 255);
    }
    div[name="inline"] span:last-of-type{
        border: 1px solid black;
        /*该盒子在垂直方向的边距,不会影响第一个子内联盒子 */
        margin: 30px 50px;
        font-size: 30px;
        background-color: pink;              ;
    }
    div[name="inline"] div{
        border: 1px solid black;
        margin: 30px 50px;
        font-size: 30px;
        background-color: aquamarine;
    }
    </style>
    <title>盒子模型</title>
</head>
<body>
<div class="container">
    <div name="block">
        存放块级盒子的父容器。
        <div>第 1 个子块级盒子</div>
        <div>第 2 个子块级盒子</div>
    </div>
    <div name="inline">
        存放内联盒子的父容器。
        <span>第 1 个子内联盒子</span>
        <span>第 2 个子内联盒子</span>
        <div>内联盒子下方的块级盒子</div>
    </div>
</div>
</body>
</html>
```

上述代码运行结果如图 4-7 所示。

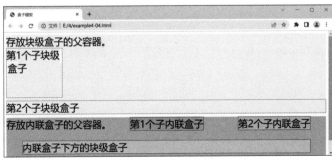

图 4-7　盒子模型

4.1.4　替代盒子模型

标准模型中,整个盒子的大小由 padding 和 border,再加上设置 Content 的 width 和 height 一起决定。以下面的代码为例进行说明。

```
h1{
    border: 1px solid red;
    width: 300px;              /* 实际设置的是 content box */
    height: 200px;             /* 实际设置的是 content box */
    padding: 10px;
    font-size: 30px;
}
```

以上代码中,盒子实际高度为 222 像素,宽度为 322 像素。可以发现,很难精确地确定盒子的尺寸,使得网页的所有内容难以定位和管理。

浏览器默认会使用标准模型,即 box-sizing：content-box。如果需要使用替代模型,可以设置 box-sizing：border-box。

使用该模型,所有宽度都是可见宽度,所以内容宽度则是该宽度减去边框和填充部分。使用上面相同的样式代码,那么盒子的高度是 200 像素,宽度是 300 像素。内容的高度是 178 像素,宽度是 278 像素。

◈ 4.2　元　素　定　位

元素定位可改变网页布局中盒子的位置,并使它们具有不同的行为,例如,浮动在另一个元素的上面,或者始终保持在浏览器视窗内的同一位置。CSS 包括标准文档流、浮动 float 和定位 position 三种基本的定位机制。

4.2.1　标准文档流

标准文档流是指将窗体自上而下分成多行,并在每行中,按从左至右的顺序依次排列元素。标准流排版是页面元素默认的排版方式,在页面中,如果没有特指某种排列方式,则页面元素将以标准流的方式排列。

【示例 4-5】　标准流方式排版。

```
<!Doctype html>
<html>
<head>
<meta charset="utf-8">
<title>标准流排版示例</title>
<style>
h3{
    margin-bottom: 0;
}
/* 重置 h3 的默认下外边距为 0px */
```

```
div, span{
    border:3px solid #00F;
}
#div1{
    width: 100px;
    height: 40px;
    padding: 20px;
    margin: 25px;
}
/*对第一个 DIV 设置宽、高以及 4 个方向的内、外边距*/
#div3{
    width: 50px;
    height: 50px;
    padding: 25px;
    margin: 25px;
}
/*对第三个 DIV 设置宽、高以及 4 个方向的内、外边距*/
span{
    width: 100px;
    height: 50px;
    margin-top: 20px;
    margin-bottom: 20px;
}
/*对 4 个 span 设置宽、高以及上、下外边距*/
#span2{
    padding: 20px;
    margin: 50px;
}
/*对第二个 span 设置 4 个方向的内、外边距*/
</style>
</head>
<body>
    <h3>块级元素默认垂直排列</h3>
    <div id="div1">第一个 DIV</div>
    <div id="div2">第二个 DIV</div>
    <div id="div3">第三个 DIV</div>
    <h3>行内元素默认横向排列</h3>
    <span id="span1">第一个 span</span>
    <span id="span2">第二个 span</span>
    <span id="span3">第三个 span</span>
    <span id="span4">第四个 span</span>
    <span id="span5">第五个 span</span>
</body>
</htm1>
```

代码运行结果如图 4-8 所示。

　　观察发现,第一个和第三个<div>按设置的宽、高显示,且四个方向的内、外边距都有效;而第二个<div>没有设置宽、高,所以其宽度自动填满父元素< body>的宽度,而高度由内容决定;尽管第三个<div>宽、高不大,但依然为垂直排列,横向并无影响。

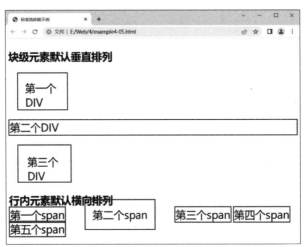

图 4-8　标准流排版

在 CSS 代码中，虽然对四个＜span＞都设置了宽、高以及上、下边距，但从结果中可见，这些设置并没有效果，而对第二个＜span＞设置的四个方向的内边距都有效，这些显示效果由行内元素的特点决定。

4.2.2　浮动 float

浮动是指使元素向左或向右移动，其周围的元素也会重新排列的现象。在标准文档流中，默认情况下，块级元素会在水平方向上自动延展，在垂直方向上依次排列。此时，可使用 float 来改变这种默认排版。

盒子浮动需要使用 float 属性，float 可取以下 3 个值。

（1）none：盒子不浮动。

（2）left：盒子浮在父元素左侧。

（3）right：盒子浮在父元素右侧。

当使用 float 属性时，块级元素的宽度不再自动延伸，其宽度由盒子内容、内边距以及边框来决定。浮动的盒子可以向左或向右移动，直到其外边缘触碰到包含框或者其他盒子的边缘，同时可以运用浮动的盒子达到文字环绕的效果，将文字环绕在盒子周围。

盒子设置 float 属性后，将脱离标准文档流，此时，位于浮动盒子后的块级元素将会上移，并占据浮动盒子原来的位置。

【示例 4-6】　盒子元素左右浮动 float。

```
<!DOCTYPE html>
<html lang="en">
<head>
    <meta charset="UTF-8">
    <title>盒子元素左右浮动 float</title>
<style>
    div{
        margin-top: 20px;
        font-size: 20px;
```

```
        }
        .father{
            margin: 0px;
            border: 3px dashed blue;
        }
        .son1,.son4{
            background-color: aquamarine;
        }
        .son2,.son3{
            float: left;
            margin-right: 10px;
        }
        .son5{
            float: right;
        }
        .son2,.son3,.son5{
            background-color:blanchedalmond;
            border: 1px solid black;
        }
    </style>
    </head>
    <body>
        <div class="father">
            <div class="son1">div1 标准排版流</div>
            <div class="son2">div2 向左浮动</div>
            <div class="son3">div3 向左继续浮动</div>
            <div class="son4">div4 关关雎鸠,在河之洲。窈窕淑女,君子好逑。
                参差荇菜,左右流之。窈窕淑女,寤寐求之。
                </div>
            <div class="son5">div5 向右浮动</div>
            <p>求之不得,寤寐思服。悠哉悠哉,辗转反侧。
                参差荇菜,左右采之。窈窕淑女,琴瑟友之。
                参差荇菜,左右芼之。窈窕淑女,钟鼓乐之。
                </p>
        </div>
    </body>
</html>
```

上述 CSS 代码将<div2>和<div3>设置为向左浮动,将<div5>设置为向右浮动,其他 3 个元素则采用标准流,代码运行结果如图 4-9 所示。

可以看出,<div1>、<div4>和段落都采用标准流排版,在垂直方向上依次排列,宽度向右伸展,直到碰到包含框的边框。

浮动元素<div2>、<div3>和<div5>的宽度不再自动伸展,根据盒子内容决定宽度。向指定方向移动时,<div2>和<div5>的外边缘碰到包含框的边框时停止移动,<div3>的外边缘碰到<div2>浮动框的边框时停止移动。

浮动元素脱离了标准文档流,下面的元素向上移动,因而<div2>、<div3>重叠在<div4>上,<div4>中的文字环绕<div2>和<div3>,浮动元素<div5>下面的段落也上

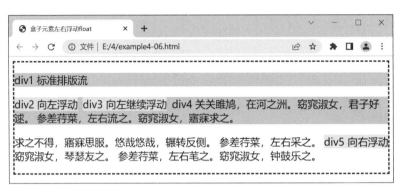

图 4-9　盒子元素左右浮动

移,且环绕<div5>。

【示例 4-7】　多个盒子元素同向浮动 float。

```
<!DOCTYPE html>
<html lang="en">
<head>
    <meta charset="UTF-8">
    <title>多个盒子元素同向浮动 float</title>
    <style>
        div{
            margin-left: 10px;
            margin-top: 10px;
        }
        .father{
            width: 600px;
            height: 250px;
            border: 1px dashed black;
        }
        .son1,.son2,.son3,.son4,.son5{
            float:left;
            padding:30px;
            border: 1px dashed black;
            background-color: #ff0;
        }
        .son2{
            height: 90px;
        }
    </style>
</head>
<body>
    <div class="father">
        <div class="son1">div1</div>
        <div class="son2">div2</div>
```

```
        <div class="son3">div3</div>
        <div class="son4">div4</div>
        <div class="son5">div5</div>
    </div>
</body>
</html>
```

上述 CSS 代码设置了 5 个向左浮动的盒子元素,运行结果如图 4-10 所示。

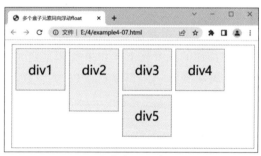

图 4-10　多个盒子元素同向浮动

由于设置了向左浮动,5 个<div>元素在水平方向依次排列,<div1>~<div4>排列完毕后,该行无法再继续排列,<div5>跳到下一行进行排列。又因<div2>高度阻挡了<div5>,导致<div5>并不能在垂直方向上与<div1>对齐,只能和<div3>在垂直方向上对齐。

4.2.3　定位 position

定位 position 包含静态定位 static、相对定位 relative、绝对定位 absolute 和固定定位 fixed。

1. 静态定位

静态定位是指按照元素在 HTML 文档流中的默认位置进行定位,它是元素的默认定位方式。使用 CSS 样式属性 position="static"可将元素设置为静态定位。当指定为静态定位后,将无法通过 top、bottom、left 和 right 偏移属性改变元素的位置。

2. 相对定位

相对定位是指元素会相对于其在标准流中的默认位置进行偏移。使用 CSS 样式属性 position="relative",并设置偏移属性来实现相对定位。元素定义为相对定位后,它在文档流中的位置仍然保留。采用相对定位时,可通过将 top 和 left 两个属性值设为负值,实现页面元素的重叠效果。

3. 绝对定位

绝对定位根据已经定位的父元素进行定位,使用 position="absolute"实现。若所有父元素都没有定位,则依据浏览器窗口进行定位。设置为绝对定位的元素将从文档流完全删除,不再占据标准文档流中的空间。

4. 固定定位

固定定位是绝对定位的一种特殊形式,它以浏览器窗口为参照物来定义网页元素。通过 CSS 样式 position＝"fixed",设置固定定位方式。绝对定位 absolute 和固定定位 fixed 元素会生成一个块级框,而不论该元素本身是什么类型。

对元素设置固定定位后,元素将脱离标准文档流的控制,始终依据浏览器窗口来定义自身的显示位置。不管浏览器滚动条如何滚动,也不管浏览器窗口的大小如何变化,该元素都会显示在浏览器窗口的固定位置。

除了以上 4 种定位 position 以外,还要定义 z-index 属性。对于定位元素,默认情况下,写在后面的元素会层叠在写在前面的元素之上。如果要调整定位元素的层叠顺序,可以使用 z-index 属性。z-index 默认属性值为 0,可以取正整数、负整数,z-index 属性值越大,元素层叠越靠上。

◆ 4.3　Flex 布 局

4.3.1　基本概念

Flex 是 Flexible Box 的缩写,意为弹性布局,是一种按行或按列布局元素的一维布局方法。元素可进行膨胀以填充额外的空间;进行收缩以适应更小的空间。该布局常以相对单位 em 设置宽度,在字号增大时整个布局随之扩大。Flex 布局结构简单,代码简洁,兼容性好,是目前使用最广泛的布局技术之一。

将元素的 display 属性设置为 flex,即可开启 Flex 布局。注意,开启弹性布局后,其子元素的 float、clear 和 vertical-align 属性将失效。

```
.container {
  display: flex;
}
```

任何元素都可使用 Flex 布局,包括行内元素。

```
.container {
  display: inline-flex;
}
```

Webkit 内核的浏览器,必须加上-webkit 前缀。

```
.container {
  display: -webkit-flex; /* Safari */
  display: flex;
}
```

采用 Flex 布局的元素,称为 Flex 容器(Flex container),简称"容器"。其所有子元素将自动成为容器成员,称为 Flex 项目(Flex item),简称"项目"。容器默认存在两根轴:水平方向的主轴 main axis 和垂直方向的交叉轴 cross axis。主轴起始位置,即与边框的交叉点,称为 main start,结束位置称为 main end;类似地,交叉轴起始位置称为 cross start,结束位置称为 cross end,如图 4-11 所示。

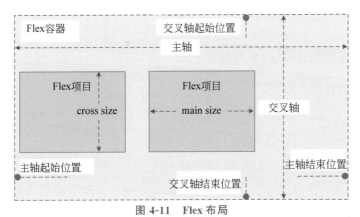

图 4-11   Flex 布局

4.3.2   容器属性

容器的主要属性有 flex-direction、flex-wrap、flex-flow、justify-content、align-items 和 align-content 等。

(1) flex-direction 属性决定主轴的方向,从而决定子元素在容器中的位置,有四个值供选择:row(默认从左到右)、row-reverse(从右到左)、column(从上到下)、column-reverse(从下到上),语法如下:

```
flex-direction: row|row-reverse|column|column-reverse|initial|inherit;
```

【示例 4-8】 flex-direction 属性决定主轴的方向的应用。

```
<!DOCTYPE html>
<html lang="en">
<head>
    <meta charset="UTF-8">
    <title>Flex-direction 属性决定主轴的方向的应用</title>
    <style>
        .container {
            display: Flex;
            Flex-direction: row;
            width: 500px;
            height: 200px;
            margin: 20px auto;
            background-color: #ccc;
        }
        .item {
            width: 100px;
            height: 50px;
```

```
            margin-right: 10px;
            margin-top: 10px;
            font-size: 30px;
            background-color: skyblue;
        }
    </style>
</head>
<body>
    <div class="container">
        <div class="item">1</div>
        <div class="item">2</div>
        <div class="item">3</div>
    </div>
</body>
</html>
```

示例 4-8 的运行结果如图 4-12～图 4-15 所示。从图 4-12 运行结果可以看出，三个元素从左到右横向排列，从图 4-13～图 4-15 可以看出，其他属性运行结果不一致。

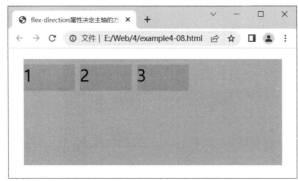

图 4-12　取值为 row 的运行结果

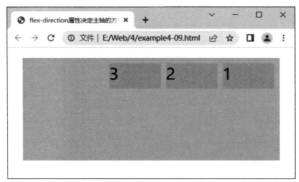

图 4-13　取值为 row-reverse 的运行结果

（2）flex-wrap 属性用于指定弹性布局中子项是否换行，默认不换行。有三个值供选择：newrap（默认不换行）、wrap（换行，第 1 行在上方）、wrap-reverse（换行并且第 1 行在下方），语法如下：

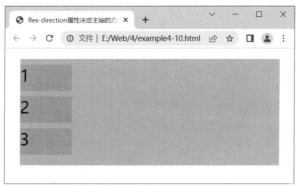

图 4-14　取值为 column 的运行结果

图 4-15　取值为 column-reverse 的运行结果

```
flex-wrap: nowrap|wrap|wrap-reverse|initial|inherit;
```

注意：使用该属性时，需要为弹性容器添加固定宽度，当弹性容器宽度超过子项宽度总和时，值设为 wrap 或 wrap-reverse 均不起效果。

（3）flex-flow 属性是 flex-direction 属性和 flex-wrap 属性的简写形式，默认值为 row nowrap，语法如下：

```
flex-flow: flex-direction flex-wrap|initial|inherit;
```

（4）align-items 属性定义弹性容器子项在交叉轴 cross axis 上的对齐方式，可选值有：flex-start（顶部对齐）、flex-end（底部对齐）、center（居中对齐）、baseline（上下对齐并铺满）、stretch（默认元素被拉伸以适应容器）。

（5）justify-content 属性定义了子项在主轴 main axis 上的对齐方式，可选值有：flex-start（默认靠左对齐）、flex-end（靠右对齐）、center（居中对齐）、space-between（均匀分布，项目与项目的间隔相等）、space-around（均匀分布，每个项目两侧的间隔相等）。space-between 和 space-around 两者之间的区别，如图 4-16 所示。

space-between 表示项目与项目的间隔相等，项目与容器边框之间没有间隔。space-around 表示每个项目两侧的间隔相等，所以，项目之间的间隔比项目与容器边框的间隔大一倍。

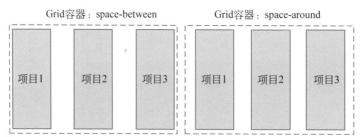

图 4-16 space-between 和 space-around 之间的区别

（6）align-content 属性定义了多根轴线的对齐方式，即当盒子内部的元素超过容器的宽度时将出现换行，可选值有：flex-start（顶部对齐）、flex-end（底部对齐）、center（居中对齐）、space-between（均匀分布）、space-around（均匀分布）、stretch（默认元素被拉伸以适应容器）。

【示例 4-9】 Flex 布局。

```html
<!DOCTYPE html>
<head>
    <meta charset="UTF-8">
    <title>Flex 布局</title>
    <style>
        .father{
            display: flex;
            /*方向 flex-direction*/
            flex-direction:row-reverse;
            /*换行 flex-wrap*/
            flex-wrap:wrap;
            /*项目在主轴上的对齐方式 justify-content*/
            justify-content:center;
            /*项目在交叉轴上的对齐方式 align-items*/
            align-items:center;
            width: 500px;
            height: 300px;
            background-color: tan;
        }
        .father span{
            width: 100px;
            height: 150px;
            background-color: pink;
            border: 1px dashed;
        }
    </style>
</head>
<body>
    <div class="father">
        <span>1 块</span>
```

```
        <span>2 块</span>
        <span>3 块</span>
        <span>4 块</span>
        <span>5 块</span>
    </div>
</body>
</html>
```

上述 Flex 布局运行结果如图 4-17 所示。

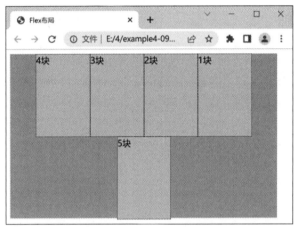

图 4-17　Flex 布局运行结果

4.3.3　项目属性

项目属性主要有 order、flex-grow、flex-shrink、flex-basis、flex 和 align-self 等。

（1）order 属性定义项目的排列顺序。数值越小，排列越靠前，默认为 0。

（2）flex-grow 属性定义项目的放大比例，默认为 0，即如果存在剩余空间，也不会进行放大。如果所有项目的 flex-grow 属性都为 1，则它们将等分剩余空间。如果一个项目的 flex-grow 属性为 2，其他项目都为 1，则前者占据的剩余空间将比其他项大一倍。

（3）flex-shrink 属性定义了项目的缩小比例，默认为 1，即如果空间不足，该项目将等比例缩小。如果一个项目的 flex-shrink 属性为 0，其他项目都为 1，则空间不足时，前者不缩小。负值对该属性无效。

（4）flex-basis 属性定义了在分配多余空间之前，项目占据的 main size 主轴空间。浏览器根据这个属性，计算主轴是否有多余空间。它的默认值为 auto，即项目的本来大小。

（5）flex 属性是 flex-grow、flex-shrink 和 flex-basis 的简写，默认值为 0 1 auto。后两个属性可选。该属性有两个快捷值：auto（1 1 auto）和 none（0 0 auto）。建议优先使用该属性，而不是单独写三个分离的属性。

（6）align-self 属性允许单个项目有与其他项目不一样的对齐方式，可覆盖 align-items 属性。默认值为 auto，表示继承父元素的 align-items 属性，如果没有父元素，则等同于 stretch。该属性可取 6 个值，除了 auto，其他都与 align-items 属性完全一致，语法如下：

```
align-self:auto|stretch|center|flex-start|flex-end|baseline|inherit;
```

◆ 4.4 Grid 布 局

4.4.1 基本概念

Grid 是一个较新的标准，用于构建复杂的响应式布局。Grid 布局即网格布局，它将网页划分成一个个网格，可以任意组合不同的网格，做出各种各样的布局。一个网格通常具有许多的列 column 与行 row，以及行与行、列与列之间的间隙，这个间隙一般被称为沟槽 gutter。

Grid 布局与 Flex 布局有一定的相似性，都可指定容器内部多个项目的位置。但是，它们也存在区别。Flex 布局是轴线布局，只能指定"项目"针对轴线的位置，可以看作是一维布局。Grid 布局则是将容器划分成"行"和"列"，产生单元格，然后指定"项目所在"的单元格，可以看作是二维布局。Grid 布局比 Flex 布局更灵活，可对项目进行精细布局。

将容器的 display 属性设置为 grid 来定义一个网络，如下所示：

```
.container {
  display: grid;
}
```

采用网格布局的区域称为"容器"。容器内部采用网格定位的子元素称为"项目"。容器里面的水平区域称为行 row，垂直区域称为列 column。行和列的交叉区域称为"单元格"。划分网格的线称为"网格线"。水平网格线划分出行，垂直网格线划分出列。与弹性盒子类似，将父容器设为网格布局后，其直接子项会变为网格项。

与弹性盒子不同的是，定义网格后，网页并不会马上发生变化。因为 display: grid 的声明只创建了一个只有一列的网格，所以子项还是会像标准文档流那样，自上而下一个接一个地排布。为了让容器看起来更像一个网格，要给定义的网格加一些列。以下代码为网格添加三个宽度为 200px 的列。

```
.container {
  display: grid;
  grid-template-columns: 200px 200px 200px;
}
```

1. 网格常用容器属性

（1）grid-template-columns 属性，定义每一列的列宽。

（2）grid-template-rows 属性，定义每一行的高度。

（3）grid-row-gap 属性，设置行与行的间隔（行间距）。

（4）grid-column-gap 属性，设置列与列的间隔（列间距）。

（5）grid-template-areas 属性，可以使用 grid-area 属性来命名网格元素，命名的网格元素可以通过容器的 grid-template-areas 属性来引用。

（6）justify-items 属性，设置所有单元格内容的水平位置，默认值 stretch，表示拉伸占满单元格的整个宽度，start 表示对齐单元格的起始边缘，end 表示对齐单元格的结束边缘，center 表示单元格内部居中。

（7）align-items 属性，设置所有单元格内容的垂直位置，属性值和 justify-items 属性值相同。

（8）justify-content 属性，设置整个网格在容器里面的水平位置，start 表示对齐容器的起始边框，end 表示对齐容器的结束边框，center 表示容器内部居中，默认值 stretch 表示项目大小没有指定时，拉伸占据整个网格容器，space-around 表示每个项目两侧的间隔相等，space-between 表示项目与项目的间隔相等。

（9）align-content 属性，属性值和 justify-content 属性值相同，设置整个网格的垂直位置。

2. 网格的项目常用属性

（1）grid-column-start、grid-column-end、grid-row-start 和 grid-row-end 属性，用于指定项目四个边框的位置，例如，grid-column-start 属性定义了网格元素从哪一列开始。

（2）grid-area 属性指定项目放在哪一个区域，语法如下：

```
grid-area: grid-row-start / grid-column-start / grid-row-end / grid-column-
end | itemname;
```

（3）justify-self 和 align-self 属性用于指定单元格内容的水平位置和垂直位置，跟 justify-items 和 align-items 属性的用法完全一致，但只作用于单个项目。

（4）place-self 属性是 align-self 属性和 justify-self 属性的合并简写形式，语法如下：

```
place-self: align-self justify-self ;
```

4.4.2　Grid 应用

【示例 4-10】　Grid 布局的基础用法。

```
<!DOCTYPE html>
<html lang="en">
<head>
    <title>grid布局的基础用法</title>
    <style>
      .wrapper{
          margin: 60px;
          /*声明一个容器*/
          display: grid;
          /*声明列的宽度,数字3表示重复3次,即有3列宽度为200px*/
          grid-template-columns: repeat(3,200px);
          /*声明行间距和列间距*/
```

```
        grid-gap: 20px;
        /*分别表示两行的高度*/
        grid-template-rows: 100px 200px;
        text-align: center;
        font-size: 200%;
        color: rgb(255, 5, 5);
    }
    .item1{
        background-color:#b8e8e0 ;
    }
    .item2{
        background-color: #8CC7B5;
    }
    .item3{
        background-color:#efe3bf ;
    }
    .item4{
        background-color: #BEE7E9;
    }
    .item5{
        background-color: #E6CEAC;
    }
    .item6{
        background-color: #ECAD9E;
    }
    </style>
</head>
<body>
    <div class="wrapper">
        <div class="item1">div1</div>
        <div class="item2">div2</div>
        <div class="item3">div3</div>
        <div class="item4">div4</div>
        <div class="item5">div5</div>
        <div class="item6">div6</div>
</body>
</html>
```

其运行结果如图 4-18 所示。

通过在元素上声明 display：grid 或者 display：inline-grid 来创建一个网格容器,这个元素的所有直系子元素将成为网格项目。通过 grid-template-columns 和 grid-template-rows 属性来定义网格中的行和列。单元格是 Grid 布局中最小的单位,图 4-18 中<div>盒子都是一个个的单元格,划分网格的线即为网格线。注意,定义网格时,定义的是网格轨道。Grid 会自动创建编号的网格线来定位每一个元素,m 列有 m＋1 根垂直的网格线,n 行有 n＋1 根水平网格线。一般而言,是从左到右,从上到下,按照 1,2,3,…先后顺序进行编号;从右到左,从下到上,则是按照－1,－2,－3,…顺序进行编号排序。

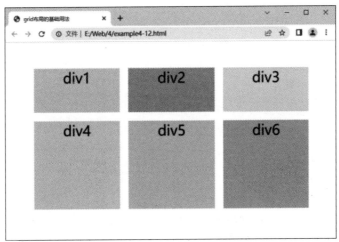

图 4-18   Grid 布局运行结果

【示例 4-11】 Grid 上中下带侧边布局。

```
!DOCTYPE html>
<html lang="en">
<head>
    <title>Grid 布局</title>
    <style>
        /*清空已有样式*/
        * {
            padding: 0;
            margin: 0;
        }
        .father {
            width: 100vw;
            height: 100vh;
            background-color: pink;
            /*声明内部使用网格布局,对直接子元素生效*/
            display: grid;
            /*grid-template-rows 设置行数和行高度*/
            /*grid-template-rows: 100px 100px 100px;*/
            /*grid-template-rows: 1fr 1fr 1fr;*/
            grid-template-rows: 100px repeat(1, 1fr) 100px;
            /*grid-template-rows: repeat(3,1fr);*/
            /*grid-template-columns 设置列数和列宽度*/
            /*grid-template-columns: 100px 100px 100px;*/
            /*grid-template-columns :1fr 1fr 1fr;*/
            /*grid-template-columns:repeat(3,1fr);*/
            /*声明列的宽度,第 1 列 200px,剩余两列等分剩余空间*/
            grid-template-columns: 200px repeat(2, 1fr);
            /*网格间距*/
            gap: 2px;
            /*行间距*/
            /*grid-row-gap :50px;*/
            /*列间距*/
            /*grid-column- gap :100px;*/
```

```
        }
        .father div {
            border: 1px solid ■#ccc;
            background: tan;
            box-sizing: border-box;
            color: ■ fff;
            font-size: 50px;
            display: flex;
            /*水平居中*/
            justify-content: center;
            /*垂直居中*/
            align-items: center;
        }
        .item1 {
            /*grid-column跨越的列数*/
            grid-column: span 3;
        }
        .item7 {
            /*grid-column跨越的列数*/
            grid-column: span 3;
        }
    </style>
</head>
<body>
    <div class="father">
        <div class="item1">1</div>
        <!-- <div class="item2">2</div> -->
        <!-- <div class="item3">3</div> -->
        <div class="item4">4</div>
        <div class="item5">5</div>
        <div class="item6">6</div>
        <div class="item7">7</div>
        <!-- <div class="item8">8</div> -->
        <!-- <div class="item9">9</div> -->
    </div>
</body>
</html>
```

上述代码运行结果如图 4-19 所示。

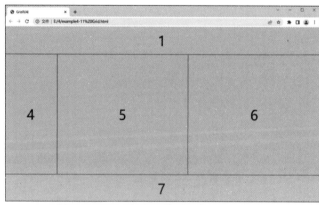

图 4-19　Grid 上中下带侧边布局运行结果

◆ 4.5　响应式设计

早年设计 Web 和创建页面时,以适配特定屏幕大小为考量,只有在符合设计者适配的屏幕上,页面才能得到很好的表现。如果用户使用比设计者考虑的更小或者更大的屏幕,通常会出现多余滚动条、过长的行或者没有合理利用的空间等。随着屏幕尺寸的种类越来越多,出现了响应式设计的概念。

响应式网页设计(Responsive Web Design)由 Ethan Marcotte 于 2010 年提出,该设计允许 Web 页面适应不同屏幕宽度,进行布局和外观调整。响应式设计并不是指某一项特定的技术,而是设计网页的一种方式,例如,通过媒体查询、Flex、Grid 都可实现一定的响应式设计的效果。

响应式布局的特点是不同屏幕分辨率下各有一个布局样式,即元素位置和大小都会变。改变浏览器宽度,布局会随之变化,例如,导航栏在大屏幕中是横排,在小屏幕中是竖排,在超小屏幕中隐藏为菜单,常称为堡包按钮。换句话说,在每一种屏幕下都有合理的布局和完美的效果。

4.5.1　媒体查询

媒体查询是一项 CSS 3 功能,使用@media 查询,可使网页根据不同的屏幕尺寸和媒体类型调整其布局。

媒体查询是响应式网页设计的关键部分,其原理是在不同的窗口大小下显示不同的结构和样式。使用@media 媒体查询,可针对不同的媒体类型定义不同的样式,也可针对不同的屏幕尺寸设置不同的样式。当重置浏览器大小时,页面会根据浏览器的宽度和高度重新渲染页面。

媒体查询语法如下:

```
@media mediatype and|not|only (media feature){
    CSS-Code;
}
```

常用媒体类型 mediatype 如表 4-10 所示。

表 4-10　常用媒体类型

值	描　　述
all	用于所有设备
print	用于打印和打印预览
screen	用于计算机屏幕、平板计算机、智能手机等
speech	用于屏幕阅读器等发声设备

关键字 and、not 和 only 含义如下所示。

(1) and 运算符,将多个媒体查询规则组合成单条媒体查询,当每个查询规则都为真时,则该条媒体查询为真。它也用于将媒体功能与媒体类型结合在一起。

（2）not 运算符,用于否定媒体查询,如果不满足这个条件则返回 true,否则返回 false。

（3）only 运算符,无实际含义,用于兼容不支持媒体查询的旧浏览器,若使用 only 运算符,须指定媒体类型。

媒体查询使用方法主要为两种,一种为 link 元素中的 CSS 媒体查询,另一种为样式表中的 CSS 媒体查询。

```
<!-- (1)link 元素中的 CSS 媒体查询 -->
<link rel="stylesheet" media="(min-width:800px)" href="example.css" />
<!-- (2)样式表中的 CSS 媒体查询 -->
<style>
@media (max-width:600px){
  .class{
  display:none;
  }
}
</style>
```

下面介绍 5 种常用的媒体查询使用方法。

1. 最大宽度 max-width

布局时,若不希望元素宽度固定,且实际宽度能自适应其内容,又不希望宽度过大破坏整体布局,此时可使用 max-width 限制元素最大宽度。

```
@media screen and (max-width:580px) {
    body { background-color: red; }
}
```

2. 最小宽度 min-width

布局时,可用 min-width 规定元素的最小宽度,以免宽度过小破坏整体布局。

```
@media screen and (min-width:900px) {
    .wrapper { width: 980px; }
}
```

3. 多个媒体特性使用

可使用关键词 and 将多个媒体特性结合在一起,如下所示:

```
@media screen and (min-width:600px) and (max-width:900px) {
    body { background-color: blue; }
}
```

4. 设备屏幕的输出宽度 device width

根据智能设备屏幕的尺寸,可使用"min/max"对应参数设置相应的样式,例如,"mindevice-width"或者"max-device-width"。

```
<link rel="stylesheet" media="screen and (max-device-width:480px)" href="mate.css" />
```

上述代码含义是："mate.css"样式适用于最大设备宽度为 480px,例如华为 Mate 设备屏幕的显示,这里的"max-device-width"指设备的实际分辨率,也就是可视面积分辨率。

5. not 和 only 关键字

关键字 not 可用于排除某种指定的媒体类型,即用来排除符合表达式的设备。换句话说,not 表示对后面的表达式执行取反操作,例如:

```
@media not print and (max-width: 1000px){样式代码...}
```

上面代码含义是:样式代码将被应用在除打印设备和设备宽度小于 1000px 的所有设备中。

```
@media only screen and (max-width:1000px){样式代码...}
```

上述代码含义是:不支持媒体查询的浏览器解析到 only 关键字时,会将其认为是一种媒体类型,由于不存在 only 这种媒体类型,因此内部的样式会被浏览器忽略。在支持媒体查询的浏览器中,only screen 和 screen 的含义完全相同。

媒体查询在使用时,需要注意以下几点:

(1) 用@media 开头,注意@符号。

(2) 媒体类型 mediatype。

(3) 关键字 and、not 和 only。

(4) 媒体特性 media feature 必须用小括号括起来。

4.5.2　rem 应用

rem 是一个相对大小单位,相对于根元素<html>设置大小,默认情况下 1 rem=16 px。该单位可以和媒体查询配合,实现响应式布局。em 单位与其相似,相对于父元素设置大小,默认情况下 1 em=16 px,em 有继承性。

响应式页面设计中,一般不给元素设置具体的宽度,但是对于一些小图标,可设定具体宽度值。高度值可以设置固定值,所有设置的固定值都可用 rem 做单位。

4.5.3　响应式

默认情况下,图像的显示尺寸是 HTML 中指定的 width 和 height 属性值。如果不指定,图像会按原始尺寸显示。在现代浏览器中,只需将图像的 max-width 属性设置为百分数,就可让图像随着弹性网格自动缩放。

```
img {
    max-width: 100%;
}
```

上述代码中,如果图片的宽度超过容器的宽度,就会自动缩小,而不会撑破容器;如果图片的宽度小于容器的宽度,就按原始尺寸显示。这种机制可确保图片能自适应各种尺寸的网格,而不破坏布局。

更进一步,还可将同样的样式应用到其他多媒体元素,这些多媒体元素就可自适应各种网格尺寸,例如:

```css
img, object, video, embed {
    max-width: 100%;
}
```

上述代码中,图像和多媒体元素都能在父元素的内容区域内自由缩放。

◆ 4.6 布局综合实例

【示例 4-12】 Flex 布局综合实例。

```html
<!DOCTYPE html>
<html lang="en">
<head>
    <meta charset="UTF-8">
    <title>布局综合实例</title>
    <style type="text/css">
        .container {
            /* 弹性布局 */
            display: flex;
            /* 当前浏览器视口宽度 */
            width: 100vw;
            /* 当前浏览器视口高度,为避免显示垂直固定条,设置为 94vh */
            height: 94vh;
            /* 项目从上向下排列 */
            flex-direction: column;
            /* 设置字体大小 */
            font-size: 20px;
        }
        .header {
            height: 100px;
            width: 100%;
            background: lightgrey;
        }
        .navigation {
            height: 30px;
            width: 100%;
            background: grey;
            /* 嵌套弹性布局 */
            display: flex;
            /* 子项平均分布 */
            justify-content: space-around;
```

```
        /* 设置导航栏层叠优先级为 1000,若不设置,menu-son 下拉列表不可见 */
        z-index: 1000;
    }
    .navigation div {
        /* 子项中文字居中 */
        text-align: center;
    }
    .body {
        width: 100%;
        display: flex;
        /* 项目从左向右排列 */
        flex-direction: row;
        /* 等分剩余空间 */
        flex: auto;
    }
    .footer {
        width: 100%;
        height: 30px;
        background: grey;
    }
    .left {
        width: 150px;
        height: 100%;
        display: flex;
        flex-direction: column;
    }
    .left div {
        /* 侧边 left 容器中的两个子项等分剩余空间 */
        flex: auto;
        border: 1px solid lightblue;
    }
    .right {
        /* 等分剩余空间 */
        flex: auto;
        height: 100%;
        background: lightgrey;
        display: flex;
    }
    .right div {
        /* 主体 right 容器中的两个子项等分剩余空间 */
        flex: auto;
        border: 1px solid lightskyblue;
    }

    .menus a{
        /* 设置导航栏字体为白色 */
        color: white;
        /* 删除超链接<a>标签的下画线 */
        text-decoration: none;
    }
```

```
        .menu-son{
            /* 下拉列表框隐藏 */
            visibility:hidden;
            /* 下拉列表宽度设置为200 */
            width: 200px;
        }
        .menus:hover .menu-son{
            /* 鼠标悬停时,下拉列表框可见 */
            visibility:visible;
        }
        .menu-son li{
            /* 删除列表项的样式,设置为none */
            list-style: none;
            background: grey;
        }
    </style>
</head>
<body>
    <div class="container">
        <div class="header">布局综合实例</div>
        <div class="navigation">
            <div class="menus">
                <a href="">首页</a>
            </div>
            <div class="menus">
                <a href="">新闻中心</a>
                <div class="menu-son">
                    <a href=""><li>热点关注</li></a>
                    <a href=""><li>新闻快讯</li></a>
                </div>
            </div>
            <div class="menus">
                <a href="">资料中心</a>
                <div class="menu-son">
                    <a href=""><li>文件资料</li></a>
                    <a href=""><li>公告信息</li></a>
                </div>
            </div>
            <div class="menus">
                <a href="">媒体聚焦</a>
                <div class="menu-son">
                    <a href=""><li>音频资料</li></a>
                    <a href=""><li>视频资料</li></a>
                </div>
            </div>
            <div class="menus">
                <a href="">专题学习</a>
                <div class="menu-son">
                    <a href=""><li>主题学习</li></a>
                    <a href=""><li>创新学习</li></a>
```

```
            </div>
        </div>
        <div class="menus">
            <a href="">专题活动</a>
            <div class="menu-son">
                <a href=""><li>乡村振兴</li></a>
                <a href=""><li>就业创业</li></a>
            </div>
        </div>
        <div class="menus">
            <a href="">关于我们</a>
            <div class="menu-son">
                <a href=""><li>近年工作</li></a>
                <a href=""><li>部门介绍</li></a>
            </div>
        </div>
    </div>
    <div class="body">
        <div class="left">
            <div class="sidebar1">侧边栏 1</div>
            <div class="sidebar2">侧边栏 2</div>
        </div>
        <div class="right">
            <div class="main1">主体内容 1</div>
            <div class="main2">主体内容 2</div>
        </div>
    </div>
    <div class="footer">版权声明</div>
    </div>
</body>
</html>
```

示例 4-12 的运行结果如图 4-20 所示。

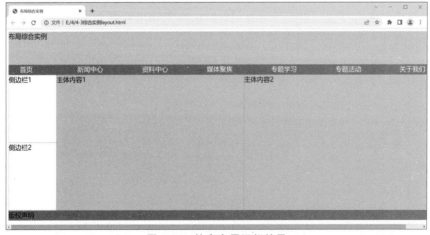

图 4-20　综合布局运行结果

◇ 4.7 习　题

一、选择题

1. 下列 HTML 属性中的(　　)可用来定义内联样式。
   A. font　　　　　　　B. class　　　　　　C. styles　　　　　D. style

2. (　　)用于显示这样一个边框：上边框 10 像素、下边框 5 像素、左边框 20 像素、右边框 1 像素。
   A. border-width：10px 5px 20px 1px
   B. border-width：10px 20px 5px 1px
   C. border-width：5px 20px 10px 1px
   D. border-width：10px 1px 5px 20px

3. (　　)能够设置盒模型的左侧外边距。
   A. text-indent：　　B. margin-left：　　　C. margin：　　　　D. indent：

4. 可利用(　　)标记构建网页布局。
   A. ＜div＞　　　　　B. ＜dis＞　　　　　　C. ＜dif＞　　　　　D. ＜dir＞

5. 如果子元素都为浮动,不能解决父类高度塌陷问题的是(　　)。
   A. 给父元素添加 clear：both；
   B. 给父元素添加 overflow：hidden；
   C. 在浮动元素下方添加空 div,并添加样式 clear：both；
   D. 设置父元素：after｛content：" "；clear：both；display：block；overflow：hidden；｝

6. 关于浮动元素,下面说法错误的是(　　)。
   A. 如果有多个浮动元素,浮动元素会按顺序排下来而不会发生重叠的现象
   B. 浮动元素会尽可能地向顶端对齐、向左或向右对齐
   C. 如果有非浮动元素和浮动元素同时存在,并且非浮动元素在前,则浮动元素不会高于非浮动元素
   D. 行内元素与浮动元素发生重叠,其边框、背景和内容都会显示在浮动元素之下

7. wrap 这个＜div＞的高度是(　　)。

```
<style type="text/css">
.a, .b, .c {
    box-sizing: border-box;
    border: 1px solid;
}
.wrap {
    width: 250px;
}
.a {
    width: 100px;
    height: 100px;
    float: left;
```

```
}
.b {
    width: 100px;
    height: 50px;
    float: left;
}
.c {
    width: 100px;
    height: 100px;
    display: inline-block;
}
</style>
<div class="wrap">
    <div class="a">a</div>
    <div class="b">b</div>
    <div class="c">c</div>
</div>
```

A. 100px　　　　　B. 150px　　　　　C. 200px　　　　　D. 250px

8. 下面关于 CSS 的说法错误的是(　　)。

　　A. CSS 可以控制网页背景图片

　　B. margin 属性的属性值可以是百分比

　　C. 整个 body 可以作为一个盒子

　　D. margin 属性不能同时设置四个边的边距

9. 有样式定义如下：

```
div.parent {
    width: 100px;
    height: 70px;
    border: 1px solid gray;
}
div.child {
    width: 80px;
    height: 30px;
    border: 1px solid black;
    background-color: silver;
}
```

同时，有 HTML 代码如下所示：

```
<body>
  <div class="parent">
    <div class="child">1</div>
    <div class="child" style="position:absolute;top:15px;">2</div>
  </div>
</body>
```

第二个<div>在页面上的最终位置是(　　)。

  A. 其上边框距离<body>元素为 15px

  B. 其上边框距离其父元素<div>为 15px

  C. 使用默认位置,定位并未发生改变

  D. 其上边框距离其原有位置为 15px

10. 以下关于 float 描述错误的是(　　)。

  A. 可以设置为 float：center   B. 可以设置为 float：right

  C. 可以设置为 float：none   D. 可以设置为 float：left

11. 以下选项中的(　　)用于设置下边框。

  A. border-left   B. border-bottom

  C. border-top   D. border-right

12. 以下关于层定位的描述,说法错误的是(　　)。

  A. 设置 position：absolute,表示这个元素原有位置会丢失

  B. 设置 position：fixed,表示这个元素相对于浏览器窗口定位

  C. 父元素不管用什么定位方式,如果子元素为 position：absolute,那么子元素相对于父元素定位

  D. 父元素为 position：relative,如果子元素为 position：absolute,那么子元素相对于父元素定位

13. 以下代码可以将<div>水平居中的是(　　)。

  A. div{ height:200px; margin:0 auto; }

  B. div{ width:200px; margin:0 auto; }

  C. div{ text-align:center; }

  D. div{ margin:0 auto; }

14. 以下关于相对定位与绝对定位说法中正确的是(　　)。

  A. 它们的原始位置都会丢失   B. 它们都脱离了文本流

  C. 它们都相对于浏览器窗口定位   D. 它们都相对于其直接父元素定位

15. 以下关于浮动定位说法正确的是(　　)。

  A. 浮动元素不能设置层定位   B. 浮动定位元素原有位置保留

  C. 浮动元素不能设置高度和宽度   D. 可以用 float 属性设置浮动定位

16. 下列关于背景定位属性 background-position 说法不正确的是(　　)。

  A. 该属性可有两个取值,第一个取值为背景图像与其容器在水平方向上的距离,第二个取值为背景图像与其容器在垂直方向上的距离

  B. 若只有一个取值,则其第二个取值默认为 50％

  C. 若此取值用百分数表示,例如,20％ 60％,则表示此背景图像离其容器左边的距离为整个容器宽度的 20％,离容器上边的距离为整个容器高度的 60％

  D. 若属性取值用 left、center、right、top、bottom 表示,则该属性取值的顺序可以颠倒,否则其取值顺序不能颠倒

二、填空题

1. 浮动元素本质是一个盒子,跟周围的元素是一种环绕关系,浮动元素之间的 margin

不会重叠。浮动元素被限制在_____；跟其他浮动元素会按参数排列，不会重叠。

2. 当元素重叠在一起的时候，_____决定它们的展示优先级。

3. 清除浮动指的是_____。

4. 行内元素举例（至少 5 个）：_____。

5. 块级元素（至少 5 个）：_____。

6. 对于一些表示竖向距离的属性，例如 padding-top、padding-bottom、margin-top、margin-bottom 等，当按百分比设定它们时，依据的是_____，而不是高度。

7. _____是一种网络页面设计布局，其理念是：集中创建页面的图片排版大小，可以智能地根据用户行为以及使用的设备环境进行相对应的布局。

三、简答题

1. 简述 CSS 盒模型结构组成。

2. 解释 CSS 3 的弹性布局 Flexible Box，以及适用场景。

3. 为什么会出现浮动以及什么时候需要清除浮动？清除浮动的方式有哪些？

4. position 跟 display、overflow、float 这些特性相互叠加后会怎么样？

5. display：none 与 visibility：hidden 的区别是什么？

四、编程题

1. 请用两种方法，设置一个类名为 border 的红色边框为 1px。

2. 请运用弹性盒子和定位两种方法分别作答，如何水平、垂直、居中一个类名为 box 的元素？

3. 请用 Flex 浮动实现左边固定宽，右边自适应布局，效果如图 4-21 所示。

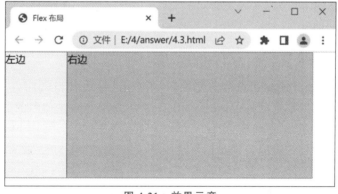

图 4-21　效果示意

第 5 章

JavaScript 基础

JavaScript 是一种被广泛用于 Web 开发的编程语言,常用来为网页增添交互性和动态性,为用户提供更流畅、绚丽的浏览效果。JavaScript 具有简单易学、高度可扩展性以及跨平台兼容性等特点,现已成为最流行的编程语言之一。除在 Web 开发中使用外,也被广泛用于构建桌面应用程序、构建移动应用程序、游戏开发、机器学习和人工智能等领域。

◇ 5.1 JavaScript 简介

JavaScript 是一种高级的、多范式、解释型的编程语言,支持面向对象编程、命令式编程以及函数式编程。

5.1.1 基本语法

1. 区分大小写

JavaScript 对大小写敏感,即区分大小写。例如,变量名 Car 和变量名 car 是两个不同的变量。

2. 标识符

JavaScript 的标识符包括变量名、函数名、参数名和属性名等,也包括某些循环语句中跳转位置的标记,在 JavaScript 中,所有可自主命名的名称都可以称为标识符。

合法的标识符应该满足以下规则。

(1) 标识符可以是一个或多个字符。

(2) 第一个字符必须是字母、下画线"_"或符号"$",其后字符可以是字母、数字、下画线或符号"$"。

(3) 自定义标识符不能与 JavaScript 关键字、保留字重名。

(4) 可使用 Unicode 转义序列。例如,字符 a 可使用"\u0061"表示,因此,下列标识符都是合法的:a、_a、$ a_ab_23ab、a23、\u0061。

3. 关键字

JavaScript 的关键字不可以用作变量、标签或者函数名,主要关键字如表 5-1

所示。

表 5-1 关键字

break	case	catch	continue	default
delete	do	else	finally	for
function	if	in	instanceof	new
return	switch	this	throw	try
typeof	var	void	while	with

4. 保留字

ECMA-262 规定保留字是 JavaScript 语言内部预备使用的一组标识符,建议不要使用,主要保留字如表 5-2 所示。

表 5-2 保留字

abstract	boolean	byte	char	class
const	double	enum	export	extends
final	float	goto	implements	import
int	interface	long	native	package
private	protected	public	short	static
super	synchronized	throws	transient	volatile

5. 常量

常量表示固定不变的数据,与变量一样,均是用于存储数据的容器,只不过常量的值在程序的运行过程中不发生改变。在 JavaScript 语言下一代标准 ES6(ECMAScript 6.0,已在 2015 年 6 月正式发布)之前,并没有声明常量的方法,在 ES6 中新增加了 const 来定义常量,例如:

```
const a = 1                    //当常量 a 被创建时,再次给 a 赋值时,a 仍为 1
console.log(a) ;
a = 10;
console.log(a)                 //报错
```

常量分为以下四类。

(1) 整型常量,也就是整数,包括正整数、负整数和 0。

(2) 实型常量,也称为浮点常量,即日常生活中的小数。

(3) 字符串常量,指使用单引号或者双引号括起来的内容。

(4) 布尔常量,即真或假,其取值为 true 或者 false。

6. 变量

变量表示可以变化的数据,是用于存储数据的容器,在程序的运行过程中,可发生变化或者被再次赋值。

JavaScript 中定义变量有两种方式: var 与 let,其中,let 是 ES6 新增的语法。

(1) var 定义变量名称。

```
var a;                          //定义一个变量
a = 1;                          //往变量中存储数据
console.log(a);                 //从变量中取出存储的数据
```

(2) let 定义变量名称。

```
let num;                        //定义一个变量
num = 2;                        //给变量初始化
console.log(num);               //取出存储的数据
```

两种定义方式的区别如下:

(1) var 是函数作用域,let 是块级作用域。var 声明的变量,只有函数能限制其作用域,而任何大括号都可以限制 let 声明变量的作用域。

(2) var 存在变量提升,let 不存在变量提升。var 可以先使用再声明,在变量没有被声明时,其值为 undefined;但在使用 let 关键字声明变量时,必须先声明再使用,否则会报错。

(3) var 变量可以重复声明,let 变量不可以重复声明。多人团队开发项目时,使用 let 声明变量,可以避免变量名的覆盖。

(4) var 声明的全局变量,会成为全局对象 window 的属性;let 声明的变量不会。

根据变量作用域的不同,可分为块级变量、局部/函数变量和全局变量。

块级变量是在块中声明的变量,只在块中有效。

局部变量声明在函数之中,其作用域是局部的,只能在函数内部访问,因此能够在不同函数中使用同名变量。函数执行时,会创建局部变量,函数执行完毕后,会销毁局部变量,例如:

```
//此处的代码不能使用 carName 变量
function myFunction() {
    var carName = "porsche";
    //此处的代码能使用 carName 变量
}
```

全局变量声明在函数之外,其作用域是全局的,即网页的所有脚本和函数都能够访问它,例如:

```
var carName = " porsche";
//此处的代码能够使用 carName 变量
function myFunction() {
    //此处的代码也能够使用 carName 变量
}
```

注意：如果为尚未声明的变量赋值，此变量会自动成为全局变量。

7. 注释

单行注释：以"//"开头，任何位于"//"与行末之间的文本都会被 JavaScript 忽略。

多行注释：以"/ * "开头，以" * /"结尾，任何位于"/ * "和" * /"之间的文本都会被 JavaScript 忽略。

5.1.2　引入方式

JavaScript 的引入方式有三种，分别为行内式、内联式以及外链式。

1. 行内式

行内式是指将 JavaScript 代码作为 HTML 标签的属性值来使用，例如：

```
<!DOCTYPE html>
<html lang="en">
    <head>
        <meta charset="utf-8">
        <title>JavaScript 引入方式</title>
    </head>
    <body>
        <!-- 行内式引入 JS 代码　-->
        <input type="button" value="点我" onclick="alert('hello!')">
    </body>
</html>
```

2. 内联式

内联式，也称内嵌式，或嵌入式，是指将 JavaScript 代码包裹在＜script＞标签之中，直接编写在 HTML 文件里，其中，type＝"text/javascript"用于告知浏览器，此代码语言是 JavaScript。在 HTML5 中，其属于默认值，可省略不写。

```
<!DOCTYPE html>
<html lang="en">
    <head>
        <meta charset="utf-8">
        <title>JavaScript 引入方式</title>
    <!-- 内联式引入 JS 代码　-->
        <script type="text/javascript">
            alert("hello!");
        </script>
    </head>
    <body>
        网页内容
    </body>
</html>
```

3. 外链式

外链式是指将 JavaScript 代码保存到一个单独的扩展名为.js 的文件中,然后使用＜script＞标签的 src 属性引入该 js 文件。

```
<!DOCTYPE html>
<html lang="en">
<head>
    <meta charset="UTF-8">
    <title>JS 外链式</title>
    <!-- 外链式引入 JS 代码  -->
    <script src="JavaScript.js"></script>
</head>
<body>
    网页内容
</body>
</html>
```

相比内联式和行内式,推荐使用外链式来编写和引入 JavaScript 代码。

在 Web 开发中,提倡结构、样式、代码分离,即 HTML、CSS、JavaScript 三部分代码,需避免直接在 HTML 中编写,可分为 xx.html、xx.css、xx.js 三个文件编写,以便于后期维护。

◈ 5.2　基本数据类型

JavaScript 中,主要有数值 number、字符串 string、布尔值 boolean、null 以及 undefined 五种基本数据类型,可通过 typeof 运算符返回变量或表达式的类型。

5.2.1　数值

JavaScript 不区分整数和浮点数,所有数都以 64 位浮点数形式进行存储,当运算需要用到整数时,JavaScript 会自动把 64 位浮点数转换为整数,再进行整数运算。

1. 数值精度

JavaScript 中,根据 IEEE-754 标准,浮点数 64 位二进制组成方式如下:

第 1 位:符号位 sign,0 代表正数,1 则代表负数,用于确定一个数的正负。

第 2 位到第 12 位(共 11 位):代表指数部分 exponent,用于确定该数的大小。

第 13 位到第 64 位(共 52 位):代表小数部分 mantissa,用于确定该数的精度。

计算公式如下:

$$number = (-1)^{sign} \times (1.mantissa) \times 2^{exponent-1023}$$

2. 数值范围

64 位浮点数指数部分的长度是 11 位,可知指数的最大值是 2047,即 $2^{11}-1$,其中,一半用来表示负数,那么 JavaScript 指数范围在 2^{-1023} 到 2^{1024} 之间。如果指数范围等于或超过最大正值 1024，JavaScript 会返回 Infinity，即"正向溢出"；如果等于或超过最小负值，JavaScript 会把该数转为 0，即"负向溢出"。例如：

```
console.log(Math.pow(2,1024))                        //Infinity
console.log(Math.pow(2,-1074)==Number.MIN_VALUE)     //true
console.log(Math.pow(2,-1075))                       //0
```

3. 数值表示法

数值的表示可使用字面形式直接表示，例如十进制、八进制等，也可使用科学记数法表示。例如，1110000 可以表示为 111e4，0.111 可以表示为 111e−3。

注意：e 和 E 一样，在它们的后面需要跟一个整数，该整数表示当前数值的指数部分。数值一般直接采用字面形式表示，但是，以下两种情况，JavaScript 会自动将数值转换为科学记数法表示。

（1）小数点前的数字多于 21 位。

（2）小数点后的 0 多于 5 个，例如，0.00000003 被转换为 3e−8。

4. 进制

JavaScript 有以下四种进制。

（1）十进制：正常书写，取值数字 0~9，前面不加 0。

（2）二进制：取值数字 0 和 1，前缀 0b 或者 0B。

（3）八进制：取值数字 0~7，前缀 0o 或者 0O。

（4）十六进制：取值数字 0~9 和 a~f，前缀 0x 或 0X。

JavaScript 会自动将八进制、十六进制、二进制转换为十进制。

5. 特殊数值

任何一个数都有正负，0 也一样。JavaScript 中存在两个 0，即 +0 与 −0，它们是等价的，唯独当 +0 或 −0 作为分母时，返回值不相等，例如：

```
(1 / +0) === (1 / -0)      //返回值:false
```

原因是左边除以 +0 得到的是 +Infinity，右边除以 −0 得到的是 −Infinity，这两个值并不相等。Infinity 表示无穷，当正数值过大或负数值过小无法表示，或者以非零数字除以 0，都会得到 Infinity。

6. NaN

NaN(Not a Number) 是 JavaScript 特殊值，表示非数值，属于 JavaScript 保留词，指示某个数不是合法数。使用一个非数值字符串进行除法运算，会得到 NaN。另外，0/0 也会得到 NaN。

NaN 是一个特殊值，其类型依然是 number，其运算规则如下：

（1）NaN 不等于任何值，包括其本身。

（2）NaN 的布尔值为 false。

（3）NaN 与任何数的运算，得到的都是 NaN。

5.2.2　字符串

字符串 string 类型用于表示由 16 位 Unicode 字符组成的字符序列，且字符序列由双引号或单引号引起来，下面两种字符串的书写方式均有效。

```
var firstName = "ZhiHao";
var lastName = 'Wang';
```

若需要将一个值转换为一个字符串，可以使用 toString()方法，例如：

```
var age = 10;
var ageAsString = age.toString();        //字符串"10"
var found = true;
var foundAsString = found.toString();    //字符串"true"
```

5.2.3　布尔值

布尔 boolean 类型只有两个值：true 和 false。

注意：boolean 类型的字面值 true 和 false 区分大小写。也就是说，True 和 False 不是 boolean 值，只是标识符。JavaScript 中，所有类型的值都可使用转型函数 Boolean()转换为 boolean 值，例如：

```
var message = "Hello world!";
var messageAsBoolean = Boolean(message);
```

5.2.4　null 和 undefined 类型

undefined 类型只有一个值，为 undefined，表示已声明但未对其初始化的变量，例如：

```
var message;
alert(message == undefined);             //true
```

null 类型是第二个只有一个值的数据类型，值为 null，表示尚未存在的对象。例如，如果函数或方法返回的是对象，而找不到该对象时，通常返回 null，也可通过设置值为 null 来清空对象。

```
var person = null;                       //值是 null,但是类型仍然是对象
alert(typeof(person));                   //输出 object
```

5.2.5　类型转换

类型转换是将一种数据类型转换为另一种数据类型，对于任何数据类型，无论是原始类

型还是对象,都可以进行类型转换。

1. 强制类型转换

强制类型转换,也称为显式类型转换,通过 JavaScript 内置 API 将一种类型人为地转换为另一种类型,这些 API 包括 Boolean()、Number()、String()、parseInt()、parseFloat()等,例如:

```
String(2 - true);              //'1'
'56' === String(56);           //true
Number('2350e-2');             //'23.5'
Number('23') + 7;              //30
Boolean('');                   //false
Boolean(2) === true;           //true
```

2. 隐式类型转换

隐式类型转换,也称为自动类型转换,通过 JavaScript 编译器自动根据运算符进行类型转换,以使运算符或函数正常工作,例如:

```
'25' + 15;                     //'2515'
23 * '2';                      //46
23 - true;                     //22
true - null;                   //1
false + undefined;             //NaN
parseFloat('10.81');           //10.81
parseInt('10.20');             //10
```

注意:下面这些常见的操作会触发隐式类型转换。

(1) 与运算相关的操作符:$+$、$-$、$+=$、$++$、$*$、$/$、$\%$、$<<$、$\&$ 等。

(2) 与数据比较相关的操作符:$>$、$<$、$==$、$<=$、$>=$、$===$。

(3) 与逻辑判断相关的操作符:$\&\&$、$!$、$||$、三目运算符。

◈ 5.3　运算符和流程控制

运算符是专门用于程序执行特定运算或逻辑操作的符号,根据其作用,可分为七类:算术运算符、字符串运算符、赋值运算符、比较运算符、逻辑运算符、三元运算符以及位运算符。流程控制用于控制程序的执行流程,包括顺序结构、选择结构以及循环结构。

5.3.1　运算符

1. 算术运算符

算术运算符用于对数值类型的变量及常量进行算术运算,常用运算符及其示例如表 5-3 所示。

表 5-3　常用算术运算符及其示例

运　算　符	运　算	示　例	结　果
＋	加	5＋5	10
－	减	6－4	2
＊	乘	3＊4	12
／	除	3/2	1.5
％	求余	5％7	5
＊＊	幂运算	3＊＊4	81
＋＋	自增（前置）	a＝2,b＝＋＋a	a＝3;b＝3
＋＋	自增（后置）	a＝2,b＝a＋＋	a＝3;b＝2
－－	自减（前置）	a＝2,b＝－－a	a＝1;b＝1
－－	自减（后置）	a＝2,b＝a－－	a＝1;b＝2

算术运算符在实际应用中,需注意以下几点。

(1) 四则混合运算时,运算顺序需遵循"先乘除后加减"原则。

(2) 取模运算时,运算结果的正负取决于被模数的符号,与模数的符号无关。例如,(－8)％7＝－1,而8％(－7)＝1。

(3) "＋＋"或"－－"放在操作数前面时,先进行自增或自减运算,再进行其他运算。若放在操作数之后,则先进行其他运算,再进行自增或自减运算。

2. 字符串运算符

JavaScript 中,"＋"操作的两个数据中,只要有一个是字符型,则"＋"表示字符串运算符,用于返回两个数据拼接后的字符串,例如:

```
var tel = 110 + '120100';
console.log (tel);              //输出结果为:'110120100'
console.log(typeof tel);       //输出结果:string
```

从上述示例可知,当变量或值通过运算符"＋"与字符串进行运算时,变量或值就会被自动转换为字符型,再与指定的字符串进行拼接。

3. 赋值运算符

赋值运算符将运算符右边的值赋给左边的变量,"＝"是最基本的赋值运算符,而非数学意义上的相等关系,常用赋值运算符及其示例如表 5-4 所示。

表 5-4　常用赋值运算符及其示例

运算符	运　算	示　例	结　果
＝	赋值	a＝3,b＝2	a＝3　　b＝2

续表

运算符	运　算	示　例	结　果
+=	加并赋值	a=3,b=2;a+=b	a=5　　b=2
-=	减并赋值	a=3,b=2;a-=b	a=1　　b=2
*=	乘并赋值	a=3,b=2;a*=b	a=6　　b=2
/=	除并赋值	a=3,b=2;a/=b	a=1.5　　b=2
%=	模并赋值	a=3,b=2;a%=b	a=1　　b=2
+=	连接并赋值	a="abc";a+="def"	a="abcdef"
**=	幂运算并赋值	a=2;a**=5	a=32
<<=	左移位赋值	a=9,b=2;a<<=b	a=36　　b=2
>>=	右移位赋值	a=-9,b=2;a>>=b	a=-3　　b=2
>>>=	无符号右移位赋值	a=-9,b=2;a>>>=b	a=1073741821　　b=2
&=	按位与赋值	a=3,b=9;a&=b	a=1　　b=9
^=	按位异或赋值	a=3,b=9;a^=b	a=10　　b=9
|=	按位或赋值	a=3,b=9;a|=b	a=11　　b=9

（1）同时赋值。

赋值运算符不仅可以为指定变量赋值，还可以利用一条赋值语句，同时为多个变量进行赋值，例如：

```
var a = b = c = 8;          //为三个变量同时赋值
```

在上述代码中，一条赋值语句可同时为变量 a、b、c 赋值，这是由于赋值运算符的结合性为"从右向左"，即先将 8 赋值给变量 c，然后再把变量 c 的值赋值给变量 b，最后把变量 b 的值赋值变量 a，表达式赋值完成。

（2）"+="运算符。

"+"运算符在 JavaScript 中既可以表示加运算、正数运算，也可表示字符串运算。因此，"+="运算符在使用时，若其操作数都是非字符型数据，则表示相加后赋值，否则用于拼接字符串，例如：

```
var  num1= 1,num2 = "2";
num1 += 3;
num2 += 3;
console.log(num1, num2);              //输出结果为:4  "23"
```

4. 比较运算符

比较运算符用于对两个数值或变量进行比较，其结果是一个布尔值，常用比较运算符及其示例如表 5-5 所示。

表 5-5　常用比较运算符及其示例

运　算　符	运　　　算	示例（x＝5）	结　　果
＝＝	等于	x＝＝4	false
！＝	不等于	x！＝4	true
＝＝＝	全等	x＝＝＝5	true
！＝＝	不全等	x！＝＝5	true
＞	大于	x＞5	false
＞＝	大于或等于	x＞＝5	true
＜	小于	x＜5	false
＜＝	小于或等于	x＜＝5	true

比较运算符在实际应用中，需注意以下两点。

（1）不同类型的数据进行比较时，系统会自动将其转换成相同类型的数据后再进行比较，例如，字符串"123"与 123 进行比较时，首先会将字符串"123"转换成数值型，然后再与 123 进行比较。

（2）运算符"＝＝"和"！＝"与运算符"＝＝＝"和"！＝＝"在进行比较时，前两个运算符只比较数据的值是否相等，而后两个运算符不仅要比较值是否相等，还要比较数据的类型是否相同。

5. 逻辑运算符

逻辑运算符常用于布尔型数据，当操作数都是布尔值时，返回值也是布尔值；当操作数不是布尔值时，运算符"＆＆"和"||"的返回值为特定操作数的值，常用逻辑运算符及其示例如表 5-6 所示。

表 5-6　常用逻辑运算符及其示例

运　算　符	运　算	示　　例	结　　果
＆＆	与	a＆＆b	a 和 b 都为 true，结果为 true，否则为 false
||	或	a||b	a 和 b 中至少有一个为 true，则结果为 true，否则为 false
！	非	！a	若 a 为 false，结果为 true，否则为 false

逻辑运算符在使用时，是按从左到右的顺序进行求值，因此运算时需要注意，可能会出现"短路"的情况，具体如下。

（1）当使用"＆＆"连接两个表达式时，如果左边表达式的值为 false，则右边的表达式不会执行，逻辑运算结果为 false。

（2）当使用"||"连接两个表达式时，如果左边表达式的值为 true，则右边的表达式不会执行，逻辑运算结果为 true。

另外，在实际开发中，逻辑运算符也可以针对结果为布尔值的表达式进行运算。例如，x＞3＆＆y！＝0。

6. 三元运算符

三元运算符是一种需要三个操作数的运算符,运算结果根据给定条件决定,具体语法如下:

```
条件表达式?表达式 1 : 表达式 2
```

在上述语法格式中,先求条件表达式的值,如果为 true,则返回表达式 1 的执行结果;如果条件表达式的值为 false,则返回表达式 2 的执行结果。

例如:

```
var age = prompt('请输入需要判断的年龄:');
var status = age >= 18 ?"已成年" : "未成年";
console.log(status);
```

上述 age 变量用于接收用户输入的年龄,首先执行"age>=18",当判断结果为 true 时,将字符串"已成年"赋值给变量 status,否则将"未成年"赋值给变量 status,最后,在控制台输出结果。

7. 位运算符

JavaScript 中,将参与位运算的操作数视为由二进制 0、1 组成的 32 位的字符串。例如,十进制数字 9 用二进制表示为 1001,运算时会将二进制数的每一位进行运算,常用位运算符及其示例如表 5-7 所示。

表 5-7　常用位运算符及其示例

运算符	名　　称	示　　例	结　　果
&	按位与	a&b	a 和 b 每一位进行"与"操作后的结果
|	按位或	a|b	a 和 b 每一位进行"或"操作后的结果
~	按位非	~a	a 的每一位进行"非"操作后的结果
^	按位异或	a^b	a 和 b 每一位进行"异或"操作后的结果
<<	左移	a<<b	将 a 左移 b 位,右边用 0 填充
>>	右移	a >>b	将 a 右移 b 位,丢弃被移出位,左边最高位用 0 或 1 填充,原来是负数就补 1,是正数就补 0
>>>	无符号右移	a>>>b	将 a 右移 b 位,丢弃被移出位,左边最高位用 0 填充

位运算符仅能对数值型的数据进行运算,在对数值进行位运算之前,程序会将所有的操作数转换成二进制数,然后再逐位运算。

8. 运算符优先级

对一些比较复杂的表达式进行运算时,首先要明确表达式中所有运算符运算的先后顺序,一般把这种顺序称作运算符的优先级,详情如表 5-8 所示。

表 5-8　运算符优先级

优　先　级	运　算　符	结　合　性
最高	.、[ ]、()	从左到右
由高到低依次排列	＋＋、－－、～、!、delete、new、typeof、void	向右到左
	*、/、%	从左到右
	＋(相加)、－(相减)、＋(字符串连接)	从左到右
	<<、>>、>>>	从左到右
	<、<=、>、>=、instanceof	从左到右
	==、!=、===、!===	从左到右
	&	从左到右
	^	从左到右
	|	从左到右
	&&	从左到右
	||	从左到右
	?：(条件运算符)	向右到左
	=	向右到左
	*＝、/＝、%＝、＋＝、－＝、<<＝、>>＝、 >>>＝、&＝、|＝、^＝	向右到左
最低	,(多重计算)	从左到右

5.3.2　流程控制

JavaScript 流程控制语句,包括顺序、选择和循环三种控制结构,如图 5-1 所示。

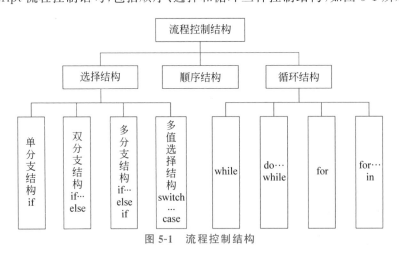

图 5-1　流程控制结构

默认情况下,JavaScript 解释器依照语句编写顺序,从上到下依次执行,这种默认执行代码的结构就是顺序结构。除顺序结构外,还有一些特定的控制语句能够改变代码的执行顺序,包括条件语句、循环语句和跳转语句。

1. 选择控制结构

JavaScript 中选择控制语句主要有单分支 if、双分支 if⋯else、多分支 if⋯else if⋯和多值选择 switch 等。

（1）单分支结构。

单分支选择结构主要使用 if 语句来实现,其流程如图 5-2 所示,语法如下:

```
if (condition) {
    expression1;
}
```

在上面语法结构中,if 后面的 condition 是判断条件,条件表达式的结果应该为布尔类型值,如果不是布尔值,则会调用 Boolean() 函数将其转换为布尔值。在该结构中,当条件为"真"时,执行 if 代码块 {} 里面的代码;当条件为"假"时,不执行 if 代码块里面的代码,而执行 if 语句后面的代码。

（2）双分支结构。

双分支选择结构主要用 if⋯else 语句实现。在双分支结构中,当条件为"真"时,执行 if 语句后面的代码,当条件为"假"的时候执行 else 后面的代码,其流程如图 5-3 所示,语法如下:

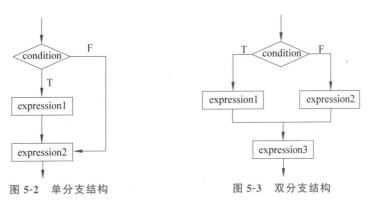

图 5-2　单分支结构　　　　　　图 5-3　双分支结构

```
if (condition) {
        expression1;
    }else {
        expression2;
    }
    expression3;
```

（3）多分支结构。

多分支选择结构主要用 if⋯else if 语句实现。在多分支结构中,当前面的条件为"真"时,将不会判断后面的条件;当前面的条件为"假"时,会继续判断后面的条件,直到符合条件为止,继而执行相应的代码块。多分支选择结构流程如图 5-4 所示,语法如下:

```
if (condition1) {
    expression1;
}else if (condition2) {
    expression2;
}else if (condition3) {
    expression3;
}else {
    expression4;
}
expression5;
```

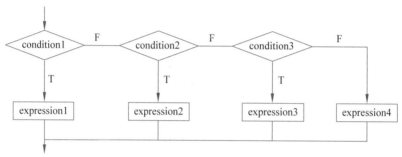

图 5-4　多分支结构

多分支语句中,当条件表达式满足前面的条件时,会执行前面的语句,尽管同时也满足后面的条件,但并不会再执行后面的分支语句。

(4) 多值选择结构

多值选择结构主要通过 switch…case 语句实现,其流程如图 5-5 所示,语法如下:

```
switch (expression){
    case value1:              //如果 expression==value1,那么从此处开始执行
        //执行代码块 expression1
        break;                //停止执行 switch 语句
    case value2:              //如果 expression==value2,那么从此处开始执行
        //执行代码块 expression2
        break;                //停止执行 switch 语句
    ...
    case valueN:              //如果 expression==valueN,那么从此处开始执行
        //执行代码块 expressionN
        break;                //停止执行 switch 语句
    default:                  //如果前面条件都不满足,那么执行下面的代码
        //执行代码块 default expression
}
```

当 switch 后面圆括号中表达式的值与某个 case 后面的值匹配时,则执行这个 case 后面的语句。匹配时,按照从上到下的顺序依次执行,如果表达式的值与所有 case 后面的值都不匹配,则执行 default 后面的语句。

语句中的 break 用于结束多值选择结构语句,如果没有 break,则会从满足条件的 case 开始顺序执行完整个 switch 语句,这种情况被称为 case 穿透,直到遇到 break 为止。大多

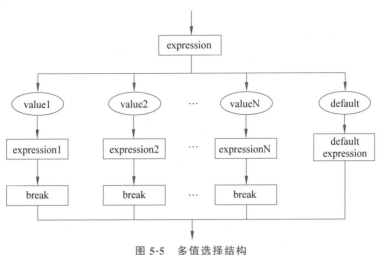

图 5-5　多值选择结构

数情况下,都应使用 break 语句来终止每个 case 语句块。

2. 循环控制结构

JavaScript 语言支持循环控制结构 while、do…while 和 for。

(1) while 循环结构。

执行 while 循环结构语句时,先判断 while 后面的条件是否为"真",如果为"真",就执行一遍循环体;然后,继续检查条件是否为"真"。重复这个过程,直到 while 条件为"假"时停止,其流程如图 5-6 所示,语法如下:

```
while (condition){
    loop expression;
}
```

注意:如果条件一直为"真",循环体中又没有结束循环语句,代码会陷入死循环。

(2) do…while 循环结构。

do…while 循环和 while 循环非常相似,区别在于,do…while 循环是在循环的尾部而不是顶部检测循环表达式是否满足条件,这意味着 do…while 循环的循环体至少会执行一次,其流程如图 5-7 所示,语法如下:

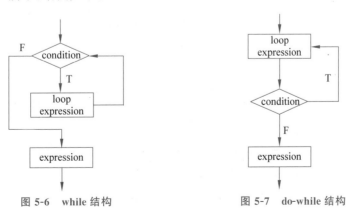

图 5-6　while 结构　　　　　　　　图 5-7　do-while 结构

```
do{
    loop expression;
}while (condition);
```

（3）for 循环结构。

for 循环提供了一种更方便的循环控制结构,直接将循环条件的初始化、检测和更新三步操作明确地声明为语法的一部分,其流程如图 5-8 所示,语法如下:

```
for (initialization; condition; increment){
    loop expression;
}
```

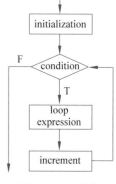

图 5-8 for 结构

在 for 循环中,initialization、condition 和 increment 三个表达式之间要用分号“;”分隔,分别负责计数器初始化、循环条件判断以及计数器变量更新操作。首先,initialization 在循环开始前执行一次。其次,检查 condition 循环条件表达式的值是否为“真”,如果为“真”,就执行循环体中的代码。再次,执行 increment 计数器变量更新表达式。然后,检查循环条件的值是否为“真”,如果为“真”,则执行循环体,重复这个过程。最后,直到循环条件的值为“假”或者在循环体中遇到 break 语句,结束循环。

◇ 5.4 内 置 对 象

JavaScript 中,对象是一种包含相关属性和方法的复杂数据类型,不仅可以保存一组不同类型的属性,而且还可以包含相关的方法,且所有对象都继承自 Object 对象。

JavaScript 内置了几个重要对象,包括数组对象 Array、日期/时间对象 Date、字符串对象 String 和数学对象 Math 等。其中,Array、Date 和 String 是动态对象,它们封装了一些常用属性和方法,使用前需用 new 运算符创建它们的对象实例;Math 是静态对象,不需要实例化就可直接使用其方法及属性。

5.4.1 Array 对象

Array 对象用于在单个变量中存储多个值,数组的长度和元素类型不固定,长度可随时改变,并且其数据在内存中也可以不连续,Array 对象常用属性和方法如表 5-9 所示。

表 5-9 Array 对象常用属性和方法

成　　员	作　　用
constructor	返回创建此对象的数组函数的引用
length	设置或返回数组中元素的数目
prototype	使有能力向对象添加属性和方法
concat()	连接两个或更多的数组,并返回结果

成　　员	作　　用
join()	把数组的所有元素放入一个字符串,元素通过指定的分隔符进行分隔
pop()	删除并返回数组的最后一个元素
push()	向数组的末尾添加一个或更多元素,并返回新的长度
reverse()	颠倒数组中元素的顺序
shift()	删除并返回数组的第一个元素
slice()	从某个已有的数组返回选定的元素
sort()	对数组的元素进行排序
splice()	删除元素,并向数组添加新元素
toString()	把数组转换为字符串,并返回结果
toLocaleString()	把数组转换为本地数组,并返回结果
unshift()	向数组的开头添加一个或更多元素,并返回新的长度
valueOf()	返回数组对象的原始值

(1) 使用关键字 new 创建 Array 对象。

```
new Array();
new Array(size);
new Array(element1, element2,…,elementN);
```

参数 size 是期望的数组元素个数,当调用构造函数 Array()时,只传递给它一个数字参数,该构造函数将返回具有指定 size、元素为 undefined 的数组。

参数 element 1,…,elementN 是参数列表,当使用这些参数来调用构造函数 Array()时,创建的数组的元素会被初始化为这些值。

调用构造函数 Array()时,如果没有使用参数,那么返回的数组为空,length 字段为 0。

(2) 使用"[ ]"字面量创建 Array 对象。

使用"[ ]"字面量创建对象,不会调用 Object 构造函数,简洁且性能更好。

```
var fruits = ['Apple', 'Banana'];
console.log(fruits.length);          //2
```

(3) 通过索引访问数组元素。

```
var first = fruits[0];                //Apple
var last = fruits[fruits.length - 1]; //Banana
```

(4) 遍历数组。

```
//数组初始化
```

```
var fruits = ['Apple', 'Banana', 'Potato'];
/* 方法 1:for 遍历 */
//先缓存变量 name.length
for (var i = 0, len = fruits.length; i < len; i++) {
    console.log(fruits[i]);
}
/* 方法 2:forEach()方法遍历,使用回调函数 */
fruits.forEach(function (item, index, arr) {
    //对于数组中的每个元素,forEach()方法都会调用函数一次,item 为当前元素,index 为当
前元素的索引值(可选),arr 为当前元素所属的数组对象(可选)
    console.log(item, index);          //Apple 0  Banana 1 Potato 2
});

/* 方法 3:map()方法遍历,和 forEach()方法类似,但是有返回值 */
const ret = fruits.map((item, index, arr) => {
    console.log(item, index);          //Apple 0  Banana 1 Potato 2
    return index * 6;                  //返回索引值 * 6
})
console.log(ret)                       //[0, 6, 12]

/* for…in 循环,遍历对象和数组 */
for (var key in fruits) {
    console.log(key);                  //0 1 2 返回数组索引
    console.log(fruits[key])           //Apple Banana Potato
}
```

（5）数组对象属性和方法的使用。

```
数组对象.属性
数组对象.方法(参数 1, 参数 2, …)
```

5.4.2　String 对象

String 对象用来保存字符串,其语法如下:

```
String(string)
new String(string)
```

通过单引号或双引号定义的字符串,直接调用 String 方法(没有用 new)的字符串都是
基本字符串,例如:

```
var s_prim = "foot";
var s_obj = new String(s_prim);
console.log(typeof s_prim);          //Logs "string"
console.log(typeof s_obj);           //Logs "object"
```

字符串的比较分为字符串对象的比较和字符串变量的比较。
（1）字符串变量的比较:直接将两个字符串变量进行比较。

（2）字符串对象的比较：必须先使用 toString()或 valueOf()方法获取字符串对象的值，然后用值进行比较，例如：

```
var str1="JavaScript";
var str2="JavaScript";
var strObj1=new String(str1);
var strObj2=new String(str2);
if(str1==str2)
if(strObj1.valueOf()==strObj2.valueOf())
```

String 对象提供了一些对字符串进行操作的常用属性和方法，详情如表 5-10 所示。

表 5-10　String 对象的常用属性和方法

成　　员	作　　用
length	获取字符串的长度
charAt(index)	获取 index 位置的字符，位置从 0 开始计算
indexOf(searchValue)	获取 searchvalue 在字符串中首次出现的位置
lastIndexOf(searchValue)	获取 searchValue 在字符串中最后出现的位置
substring(start[,end])	截取从 start 位置到 end 位置之间的一个子字符串
substr(start[,length])	截取从 start 位置开始到 length 长度的子字符串
toLowerCase()	获取字符串的小写形式
toUpperCase()	获取字符串的大写形式
split([separator][,limit])	使用 separator 分隔符将字符串分割成数组，limit 指定返回数组的最大长度
replace(str1,str2)	使用 str2 替换字符串中的 str1，返回替换结果

5.4.3　Number 对象

Number 对象用于处理整数、浮点数等数值，常用属性和方法如表 5-11 所示。

表 5-11　Number 对象常用属性和方法

成　　员	作　　用
MAX_VALUE	在 JavaScript 中所能表示的最大数值（静态成员）
MIN_VALUE	在 JavaScript 中所能表示的最小正值（静态成员）
toFixed(digits)	使用定点表示法来格式化一个数值

例如：

```
let numObj = 3.1415926;
numObj.toFixed(2);                        //'3.14'
```

5.4.4　Math 对象

Math 对象用于对数值进行数学运算，与其他对象不同的是，该对象是静态对象，不需要实例化就能使用，其常用属性和方法如表 5-12 所示。

表 5-12　Math 对象的常用属性和方法

成　　员	作　　用
PI	获取圆周率，结果为 3.141592653589793
abs(x)	获取 x 的绝对值
max([value1[,value2,…]])	获取所有参数中的最大值
min([value1[,value2,…]])	获取所有参数中的最小值
pow(base,exponent)	获取基数 base 的指数 exponent 次幂
sqrt(x)	获取 x 的平方根
ceil(x)	获取大于或等于 x 的最小整数，即向上取整
floor(x)	获取小于或等于 x 的最大整数，即向下取整
round(x)	获取 x 的四舍五入后的整数值
random(x)	获取大于或等于 0.0 且小于 1.0 的随机值

5.4.5　Date 对象

Date 对象用于处理日期和时间，通过 new 创建一个 Date 实例，该实例呈现时间中的某个时刻，常通过以下三种方式实现。

```
①new Date();              //依据系统当前时间来创建一个 Date 对象,显示:Wed Apr 19
                          //2023 18:55:41 GMT+0800 (中国标准时间)
②new Date(dateString);    //dateString:表示日期的字符串
③new Date(year, monthIndex[, day[, hours[, minutes[, seconds[, milliseconds]]]]]);
                          //分别提供日期与时间,monthIndex 从"0"开始,到"11"结束
```

例如，使用方法①，通过字符串传入日期和时间。

```
var date2 = new Date("2023-10-01 10:55:04");
date2.toString();
```

上述代码返回结果为：Sun Oct 01 2023 10：55：04 GMT＋0800（中国标准时间）。
例如，使用方法③创建 Date 对象，分别传入年、月、日、时、分、秒。

```
var date1 = new Date(2023, 10, 1, 11, 53, 5);
date1.toString();
```

上述代码返回结果为：Wed Nov 01 2023 11：53：05 GMT＋0800（中国标准时间）。
注意：使用方法③时，最少需要指定年、月两个参数，后面参数省略时，会自动使用默认

图 5-9　自定义对象运行结果

2. 通过构造函数创建对象

JavaScript 中，可使用构造函数来创建对象，例如：

```
function Person(name, age) {
    this.name = name;
    this.age = age;
    this.say=function(){
        alert(this.name);
    }
}
var person = new Person('LinZiyun', 25);
alert(typeof person);                //输出 object
person.say();                        //调用 say 方法,输出 LinZiyun
```

上述代码创建了一个 Person 构造函数，并通过 new 关键字创建了一个 person 对象，在对象实例化时传递参数，也可在构造函数中定义方法。

在 ES6 之前，可通过自定义构造函数来模拟类并创建对象，在 ES6 中，可以直接通过关键字 class 来定义类，例如：

```
<!DOCTYPE html>
<html>
<head>
    <script>
        class Person {                  //定义一个类
            constructor(name, age) {    //构造函数,并初始化属性
                this.name = name;
                this.age = age;
            }
            sayHello() {
                console.log('Hello, my name is ' + this.name);
            }
        }
        var person = new Person('LiYao', 21);
        person.sayHello(); //输出 'Hello, my name is LiYao'
    </script>
</head>
<body>
```

```
</body>
</html>
```

上述代码使用 class 语法定义了一个 Person 类,包含一个构造函数和一个 sayHello 方法。使用 new 关键字可以创建一个 person 对象,最后,调用 sayHello 方法输出一句话。

也可通过构造函数 Object()创建一个对象实例,等价于通过对象字面量{ }创建,其类型为 object,例如:

```
var obj = new Object();
console.log(typeof obj);                    //输出 object
```

3. 通过 Object.create()创建对象

Object.create()是 ES6 中创建对象的另一种方式,语法如下:

```
Object.create(proto, [propertiesObject])
```

参数 proto 必需,表示新建对象的原型对象,即该参数会被赋值到目标对象的原型上,可以是 null。参数 propertiesObject 可选,该参数对象是一组属性与值,其属性名称是新创建对象的属性名称,值是属性描述符,例如:

```
var person=Object.create({"name":"LinZiyun","age":19});
                                            //通过 Object.create()创建对象
alert(person.name);                         //输出 LinZiyun
```

5.5.2 内置方法

JavaScript 中对象拥有很多内置方法,一些常用内置方法如表 5-14 所示。

表 5-14　常用内置方法

方　　法	作　　用
hasOwnProperty(propertyName)	检查对象是否有指定名称的属性,并返回布尔值
toLocaleString()	返回对象的本地化字符串表示
toString()	返回对象的字符串表示
valueOf()	返回对象的原始值
Object.keys(object)	返回对象中所有可枚举属性的名称数组
Object.values(object)	返回对象中所有可枚举属性的值数组

下面的代码实现了对象的遍历:

```
let obj = { a: 1, b: 2, c: 3 };
    for (let key in obj) {
```

```
    console.log(key,"=", obj[key]);
}
console.log(Object.keys(obj));
console.log(Object.values(obj));
```

运行上述代码,输出结果如图 5-10 所示。

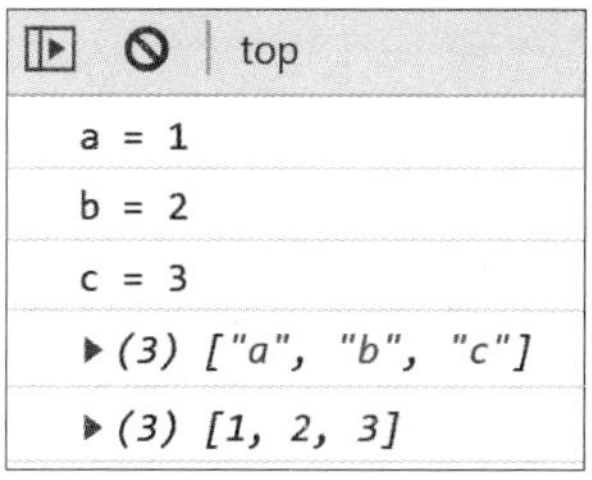

Object 类型是 JavaScript 中非常重要的一个类型,用于封装数据和行为,方便开发者进行数据处理和操作。Object 类型是一种非常灵活和强大的数据类型,可以包含任意类型的键值对,包括方法和属性。在实际开发中,开发者可以根据需要创建自定义的对象,并利用内置的属性和方法对该对象进行操作和处理。

图 5-10　对象遍历输出结果

5.5.3　prototype

JavaScript 中,所有对象 Object 都有一个内置属性,称为原型 prototype。每个实例对象 obj 可通过"__proto__"来访问该属性。注意:proto 前后各有两个下画线,obj.__proto__ ===Object.prototype。原型本身是一个对象,故原型对象也会有它自己的原型,逐渐构成了原型链。原型对象可以包含一些共享的属性和方法,子对象可以通过原型链继承这些属性和方法,使得重用代码和组合对象成为可能。

1. 原型链

所有 JavaScript 对象都会从一个原型对象中继承属性和方法。

(1) Date 对象从 Date.prototype 继承。

(2) Array 对象从 Array.prototype 继承。

(3) Person 对象从 Person.prototype 继承。

JavaScript 对象有一个指向原型的链,当试图访问一个对象的属性时,它不仅仅在该对象上搜寻,还会搜寻该对象的原型,以及该对象的原型的原型,依次层层向上搜索,直到找到一个名字匹配的属性或到达原型链的末尾,例如,Date 对象原型链如图 5-11 所示。

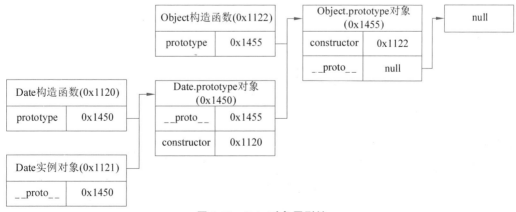

图 5-11　Date 对象原型链

注意：所有 JavaScript 中的对象，都是位于原型链顶端的 Object 的实例。

【示例 5-2】 Date 对象原型链。

```
<!DOCTYPE html>
<html>
<head>
    <title>Date 对象原型链</title>
    <script>
        //声明一个日期对象
        var d1 = new Date();
        //通过 dir()方法,查看 d1 实例对象内存
        console.dir(d1);
        //使用 log()方法,会自动转为字符串显示,无法查看对象内存,function 函数对象和
        //DOM 对象类似
        console.log(d1);
        //查看日期对象的原型
        console.log(d1.__proto__.constructor);                    //Date
        console.log(d1.__proto__ === Date.prototype);             //true
        //查看日期对象的原型的原型
        console.log(d1.__proto__.__proto__.constructor);          //Object
        console.log(d1.__proto__.__proto__ === Object.prototype); //true
    </script>
</head>
<body>
</body>
</html>
```

2. 通过原型对象添加属性和方法

一般情况,可以在对象的构造函数中添加属性和方法,然而,在这种方法中,若将函数定义在全局作用域,可能污染全局作用域的命名空间,同时面临函数名冲突的问题。若需向已存在的实例对象添加共享属性和方法,有一种更优雅的方式,即可通过原型对象 prototype 来进行添加。

【示例 5-3】 通过原型对象添加属性和方法。

```
<!DOCTYPE html>
<html>
<head>
  <meta charset="utf-8">
  <title>通过原型对象添加属性和方法</title>
</head>
<body>
  <script>
  function Person(name, age, gender) {     //Person 构造函数
    this.name = name;
    this.age = age;
    this.gender = gender;
    this.sayName=sayName;   //将 sayName 方法定义在全局作用域之中,避免每次创建
                            //Person 实例时,都创建一个新的 sayName 方法
```

```
      }
      function sayName(){
        alert("我是"+this.name+",今年"+this.age+"岁!");
      }
      //上述添加 sayName 的方法,可能污染全局作用域的命名空间,同时面临函数名冲突的问题
      Person.prototype.sayName = function () {
        alert("我是" + this.name + ",今年" + this.age + "岁!");
      }                                      //可通过原型对象 prototype 来添加方法
      Person.prototype.place = "云南";       //可通过原型对象 prototype 来添加籍贯属性
      var per1 = new Person("李芸", 18, "女"); //创建一个 Person 实例
      var per2 = new Person("潘平函", 19, "男");
      per1.sayName();                        //我是李芸,今年 18 岁!
      per2.sayName();                        //我是潘平函,今年 19 岁!
      alert(per1.place);                     //云南
      alert(per2.place);                     //云南
    </script>
  </body>
</html>
```

上述代码运行结果如图 5-12 所示。

图 5-12 通过 **prototype** 原型对象添加属性运行结果

5.6 JSON

JavaScript 对象标记 JSON(JavaScript Object Notation)是一种轻量级的数据交换格式,通常用于服务端向网页传递数据。JSON 使用 JavaScript 语法来描述数据对象,但独立于语言和平台,其文本可被任意编程语言读取及作为数据格式传递。JavaScript 对象可以转换为 JSON,JSON 也可以转换回 JavaScript 对象,其文件扩展名为".json"。

5.6.1 JSON 语法

JSON 语法基本上可视为 JavaScript 语法的一个子集,包括以下内容:

(1)数据使用键值对表示。

(2)使用大括号"{}"保存对象,每个名称后面跟一个冒号":",多个键值对使用逗号","分隔。

(3)使用方括号"[]"保存数组,数组可包含多个对象,多个对象之间使用逗号","分隔。

JSON 值可以是数值、字符串、逻辑值、数组(在方括号中)、对象(在大括号中)以及 null,

例如：

```
{
    "book": [{
            "id":"01",
            "language": "Java",
            "edition": "third",
            "author": "KangLi"
        }, {
            "id":"07",
            "language": "C++",
            "edition": "second",
            "author": "ZhangJie"
    }]
}
```

5.6.2　JSON 用法

JSON 最常见的用法，是作为文件或 HTTP Request 从 Web 服务器上读取 JSON 数据；然后，将 JSON 数据转换为 JavaScript 对象；最后，在网页中使用该数据。

首先，创建 JavaScript 字符串，并把字符串转为 JSON 格式的数据。

```
var text = '{ "student" : [' +
'{ "firstName":"Li", "lastName":"Wang" }, ' +
'{ "firstName":"Fei", "lastName":"Li" }, ' +
'{ "firstName":"Ai", "lastName":"Zhang" } ]}';
```

然后，使用 JavaScript 函数 eval()，将 JSON 文本转换为 JavaScript 对象，注意，必须把 JSON 文本包围在括号中。

```
var obj = eval("(" + text + ")");
```

最后，在网页中使用该 JavaScript 对象，完整代码见如下示例。

【示例 5-4】　JSON 用法。

```
<!DOCTYPE html>
<head>
</head>
<body>
    <p>
        First Name: <span id="firstName"></span><br />
        Last Name: <span id="lastName"></span><br />
    </p>
    <script>
        var text = '{ "student" : [' +
            '{ "firstName":"Li", "lastName":"Wang" }, ' +
            '{ "firstName":"Fei", "lastName":"Li" }, ' +
            '{ "firstName":"Ai", "lastName":"Zhang" } ]}';
        var obj = eval("(" + text + ")");
```

```
        document. getElementById ( " firstName"). innerHTML = obj. student
[1].firstName
        document. getElementById ( " lastName "). innerHTML = obj. student
[1].lastName
    </script>
</body>
</html>
```

上述代码的运行结果如图 5-13 所示。

图 5-13　JSON 用法运行结果

使用 JSON.parse()方法可以把字符串转换为 JSON 对象,见如下示例。

【示例 5-5】　JSON 字符串转换为 JavaScript 对象。

```
<!DOCTYPE html>
<html>
<head>
    <meta charset="utf-8">
</head>
<body>
    <h2>为 JSON 字符串创建对象</h2>
    <p id="site"></p>
    <script>
        var text = '{ "sites" : [' +
            '{ "name":"iecgp" , "url":"www.iecpg.com" },' +
            '{ "name":"tup" , "url":"www.tup.tsinghua.edu.cn" }]}';
        obj = JSON.parse(text);
        document.getElementById("site").innerHTML = obj.sites[0].name + ":" +
obj.sites[0].url;
    </script>
</body>
</html>
```

上述代码在 Chrome 浏览器中的运行结果如图 5-14 所示。

图 5-14　JSON 字符串转换为 JavaScript 对象运行结果

◇ 5.7 解 构 赋 值

解构赋值是一种针对数组或者对象进行模式匹配,然后对其中的变量进行赋值的运算符。通过解构赋值,可以将属性/值从数组或者对象中取出,赋值给其他变量。以下从数组的解构赋值和对象的解构赋值两方面进行介绍。

5.7.1 数组的解构赋值

JavaScript 开发中,可通过"[ ]"和"."使用数组和对象的值,而在 ES6 中,可采用新的方式——解构赋值来使用。

1. 一维数组解构赋值

现假设有一个 value 变量,其值为[1, 2, 3, 4, 5]。若希望给数组的前三个元素分别声明一个变量,传统做法是单独声明和赋值每一个变量。

```
var value = [1, 2, 3, 4, 5];
var el1 = value[0];
var el2 = value[1];
var el3 = value[2];
```

有了这几个新变量,原本的 value 现在可以被表示为[el1, el2, el3, 4, 5],因为现在并不关心后两个元素,所以也可以说 value 被表示为[el1, el2, el3]。现在,在 ES6 中,可使用下述表达式达到上述代码一样的效果。

```
var value = [1, 2, 3, 4, 5];
var [el1,el2,el3] = value;
```

上述代码等价于:

```
var [el1, el2, el3] = [1, 2, 3, 4, 5];
```

【示例 5-6】 通过数组解构赋值交换变量 a 和 b 的值。

```
<!DOCTYPE html>
<html>
<head>
    <meta charset="utf-8">
    <script>
        var a = 5, b = 10;
        [b, a] = [a, b];
        alert("a=" + a + ",b=" + b);
    </script>
</head>
<body>
</body>
</html>
```

2. 二维数组解构赋值

解构赋值可以嵌套，例如对二维数组进行解构赋值。

```
//二维数据
var value = [1, 2, [3, 4]];
//二维数据解构赋值
var [el1, el2, [el3, el4]] = value;
alert("el1="+el1+",el2="+el2+",el3="+el3+",el4="+el4);
```

3. 剩余参数

可利用形式为"…变量名"的剩余参数，将函数剩余的不定数量参数表示为一个数组，其中，变量名常设置为"rest"。

```
//二维数据
var value = [1, 2, 3, 4];
//剩余参数
var [el1, el2,…rest] = value;
alert("el1="+el1+",el2="+el2+",rest="+rest);
```

5.7.2　对象的解构赋值

1. 一维对象解构赋值

对象的解构赋值与数组的解构赋值类似，例如：

```
var person = {firstName: "JieYi", lastName: "Guo"};
var {firstName, lastName} = person;
```

2. 别名

ES6 允许给变量取别名，形式为"变量名：别名"，此时，变量名与对应的属性名不一致，例如：

```
var person = {firstName: "JieYi", lastName: "Guo"};
var {firstName: name, lastName} = person;
```

该例子中，别名 name 变量将会被声明为 person.firstName 的值。

3. 多维对象解构赋值

多维对象也可以解构赋值，包括二维对象以及深层嵌套的对象，例如：

```
var stu = {firstName: "JieYi", lastName: "Guo", class: {className: "3 班",
classID: "1"}};
var {firstName, lastName, class:{className,classID}} = stu;
alert(lastName+" "+firstName+" "+className+"学生")
```

5.7.3　函数参数的解构赋值

ES6 中,函数的参数也支持解构赋值,对于有复杂参数的函数十分有用,可结合数组和对象的解构赋值使用。

```
function findUser(userID, person) {
    if (person.age) …
    if (person.name) …
}
```

通过 ES6,上述代码会更加清晰和简洁。

```
function findUser(userID, {age, name}) {
    if (age) …
    if (name) …
}
```

解构赋值减少代码量的同时,增加了代码的可读性和表现力,提高了工作效率。

◇ 5.8　模板字符串

模板字符串(Template String)是增强版的字符串,使用反引号“ ` ”代替普通字符串中的双引号和单引号,可以在字符串中换行,用于定义多行字符串,以及在字符串中插入变量和表达式。

5.8.1　字符串格式化

ES5 中,需使用加号“＋”完成字符串与表达式的拼接功能,例如:

```
var address='BeiJing';
console.log('Welcome to'+ address);
```

ES6 中,可将表达式放置在“＄{}”的大括号之中,完成与字符串的拼接功能,例如:

```
const address='BeiJing';
console.log(`Welcome to ${address}`);
```

注意:在使用模板字符串拼接表达式时,需要使用反引号“ ` ”标识,而不是用单引号“ ' ”标识。

5.8.2　多行字符串

ES5 中,如果要拼接多行字符串,需使用反斜杠“\n”转义换行,例如:

```
var msg='How are you? \nFine thank you.';
console.log(msg);
```

执行这段代码之后,控制台输出如下结果。

```
How are you?
Fine thank you.
```

转义符"\n"被解析为换行,如果要输出一个 HTML 结点树,那么每个结点末尾都需要附加一个换行的转移符,例如:

```
const htmlTreeNodes = '<ul>\n<li>JavaScript</li>\n<li>HTML</li>\n<li>CSS</li>\n</ul>';
console.log(htmlTreeNodes);
```

执行这段代码后,控制台输出结果如下:

```
<ul>
<li>JavaScript</li>
<li>HTML</li>
<li>CSS</li>
</ul>
```

上述代码可读性较差,使用模板字符串,可简化这一过程,例如:

```
const htmlTreeNodes = `
<ul>
    <li>JavaScript</li>
    <li>HTML</li>
    <li>CSS</li>
</ul>
`;
console.log(htmlTreeNodes);
```

上述代码简单易懂,不需要使用反斜杠"\n"转义换行,轻松解决了多行字符串的换行问题,且还保留了多行字符串的缩进。

5.8.3 运算与函数调用

1. 运算

模板字符串中的变量表达式,必须写在"${}"大括号中,否则会出错误。大括号中可以写一个或多个变量,也可进行变量的运算,例如:

```
let x=2;
let y=5;
console.log(`${x}+${y}=${x+y}`);
console.log(`${x}+${y * 2}=${x+y * 2}`);
```

这里声明了变量 x 和 y,并给 x 赋初始值 2,给 y 赋初始值 5;然后,通过模板字符串在等式左边分别对变量进行运算,在等式右边将运算的变量表达式写在大括号中,这样输出的结果如下：

```
2+5=7
2+10=12
```

可以看到，等式两边成立，说明使用模板字符串对变量分别进行运算，与在模板字符串中运算变量表达式完全相等。

2. 函数调用

模板字符串中，不仅可以进行变量运算，还可以调用函数，例如：

```
function fn() {
    return 'BeiJing';
}
console.log(`Welcome to ${fn()}.`);
```

先声明一个函数 fn()，该函数返回一个字符串，然后，使用模板字符串将该函数与另一个字符串进行拼接，这样就完成了模板字符串调用函数的功能。

执行上面这段代码之后，控制台输出结果如下：

```
Welcome to BeiJing.
```

5.8.4　includes()、startsWith()和 endsWith()方法

使用 indexOf()方法，可查找一个字符串是否包含另一个字符串。若包含，则返回该字符串的索引位置；否则，返回−1。

ES6 中，提供了 includes()、startsWith()和 endsWith()三种新方法，为字符串的操作提供了更多方法。

（1）includes()。

用于判断字符串是否包含指定的子字符串，包含则返回 true，否则返回 false。语法如下：

```
string.includes(searchvalue, start)
```

其中，searchvalue 必需，表示要查找的字符串；start 可选，设置从某个位置开始查找，默认为 0。

（2）startsWith()。

用于检测字符串是否以指定的子字符串开始，如果是以指定的子字符串开头则返回 true，否则返回 false。语法如下：

```
string.includes(searchvalue, start)
```

其中，searchvalue 必需，表示要查找的字符串；start 可选，表示查找的开始位置，默认为 0。

（3）endsWith()。

用于判断当前字符串是否是以指定的子字符串结尾，如果子字符串在搜索字符串的末

尾,则返回 true,否则将返回 false。语法如下:

```
string.endsWith(searchvalue, length)
```

其中,searchvalue 必需,表示要搜索的子字符串;length 可选,用于设置原始字符串要搜索的长度,默认值为原始字符串的长度 string.length。

例如:

```
let msg = 'Welcome to BeiJing.';
console.log(msg.includes('to'));
console.log(msg.startsWith('Welcome '));
console.log(msg.endsWith('.'));
```

执行上面这段代码后,控制台输出结果如下:

```
true
true
true
```

因为字符串 msg 中包含字符串"to",所以第一个输出结果为 true;因为字符串 msg 以字符串"Welcome"开始,所以第二个输出结果为 true;因为字符串 msg 以字符串"."结束,所以第三个输出结果为 true。

上述方法都可通过 start 可选参数设置查找的开始位置,例如:

```
let msg='Welcome to BeiJing.';
console.log(msg.includes('to ', 8));
console.log(msg.startsWith('BeiJing', 11));
console.log(msg.endsWith('Welcome', 7));
```

执行上面这段代码后,控制台输出结果如下:

```
true
true
true
```

includes()和 startsWith()方法的第二个参数,均表示从第 n 个索引位置开始匹配字符串,而 endsWith()方法的第二个参数则表示在前 n 个字符串中匹配结果。

5.8.5　repeat()方法

ES 6 中,新增 repeat()方法可将原来字符串重复 n 次后返回,例如:

```
let msg = 'hello';
console.log(msg.repeat(3));
```

执行上面这段代码后,控制台输出结果如下:

```
hellohellohello
```

注意：该方法的参数不能是负数或 Infinity，否则会报错；如果参数是小数，则会被取整；如果参数是 0 或 NaN，则输出一个空字符串；如果参数是字符串，则会被转换成数值，转换成功后，就会重复输出相应的字符串，若转换失败，输出空字符串，例如：

```
let msg='hello!';
console.log(msg.repeat('3'));
console.log(msg.repeat('hello'));
```

执行上面这段代码后，由于'3'可以转换成数值 3，第一个输出字符串"hello! hello! hello!"，第二个字符串'hello'无法转换成数值，输出空字符串。

◆ 5.9　JavaScript 综合实例

【示例 5-7】　制作年历。
（1）HTML 部分内容。

```html
<!DOCTYPE html>
<html>
    <head>
        <meta charset="utf-8">
        <title>制作年历</title>
        <style>
            body{text-align:center;}
            .box{margin:0 auto;width:880px;}
            .title{background: #ccc;}
            table{height:200px;width:200px;font-size:12px;text-align:center;
float:left;margin:10px;font-family:arial;}
        </style>
        <script src="calendar.js"></script>
        <script>
            var year = parseInt(prompt('输入年份:','2026'));   //制作弹窗
            document.write(calendar(year));               //调用函数生成指定年份的年历
        </script>
    </head>
    <body>
    </body>
</html>
```

（2）JavaScript 部分内容。

```javascript
function calendar(y){
    //获取指定年份 1 月 1 日的星期数值
    var w = new Date(y,0).getDay();
    var html = '<div class="box">';
    //拼接每个月份的表格
```

```
for(m=1;m<=12;m++){
    html += '<table>';
    html += '<tr class="title"><th colspan="7">' + y + '年' +m+ '月</th></tr>';
    html += '<tr><td>日</td><td>一</td><td>二</td><td>三</td><td>四</
td><td>五</td><td>六</td></tr>'
    //获取每个月份共有多少天
    var max = new Date(y,m,0).getDate();

    html += '<tr>';                        //开始<tr>标签
    for (d=1;d<=max;d++){
        if(w && d== 1){                    //如果该月的第 1 天不是星期日,则填充空白
            html += '<td colspan ="' + w + '"> </td>';
        }
        html += '<td>' +d+ '</td>';
        if(w == 6 && d != max){            //如果星期六不是该月的最后一天,则换行
            html += '</tr><tr>';
        }else if(d==max){                  //该月的最后一天,闭合</tr>标签
            html += '</tr>';
        }
        w = (w+1>6) ? 0 : w+1;
    }
    html += '</table>';
}
html += '</div>';
return html;
}
```

上述代码在 Chrome 浏览器中的运行结果如图 5-15 所示。

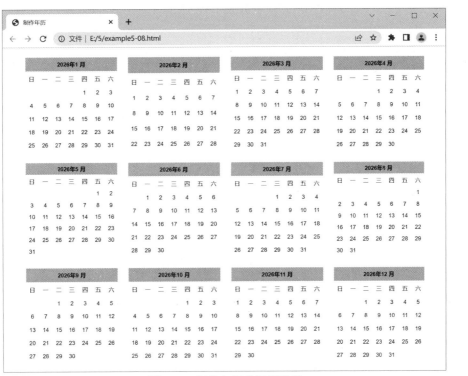

图 5-15　制作年历的运行结果

◈ 5.10 习　　题

一、选择题

1. JavaScript 引用数据类型包括(   )。

    A. 数组   B. 字符串   C. 数值   D. 空

2. 下面关于 JavaScript 的说法错误的是(   )。

    A. JavaScript 有两种特殊数据和类型：null 和 undefined

    B. 在 JavaScript 中注释使用///**/

    C. JavaScript 代码需要浏览器解释之后才能执行，而不是编译

    D. JavaScript 当中的变量称为全局变量

3. 在 JavaScript 中，运行 Math.ceil(25.5)的结果是(   )。

    A. 24   B. 25   C. 25.5   D. 26

4. 在 JavaScript 中(   )方法可以对数组元素进行排序。

    A. add()   B. join()   C. sort()   D. length()

5. 以下不属于 JavaScript 中提供的常用数据类型的是(   )。

    A. Undefined   B. Null   C. Number   D. Connection

6. 下面关于 JavaScript 的说法错误的是(   )。

    A. 是一种脚本编写语言   B. 是面向结构的

    C. 具有安全性能   D. 是基于对象的

7. 可以在下列(   )HTML 元素中放置 JavaScript 代码。

    A. ＜script＞   B. ＜javascript＞   C. ＜js＞   D. ＜scripting＞

8. 引用名为"comp.js"的外部脚本的正确语法是(   )。

    A. ＜script src="comp.js"＞   B. ＜script href="comp.js"＞

    C. ＜script name="comp.js"＞   D. ＜script rep="comp. js"＞

9. 外部脚本文件中(   )包含＜script＞标签。

    A. 必须   B. 无须

10. (   )可用于声明一个名为 myFunction 的函数。

    A. function：myFunction()   B. function myFunction()

    C. function＝myFunction()   D. Myfunction()

11. (   )可用于调用名为 myFunction 的函数。

    A. call function myFunction   B. call myFunction()

    C. myFunction()   D. Myfunction()

12. 在 JavaScript 中，有 4 种不同类型的循环，分别是(   )。

    A. for 循环、while 循环、and 循环以及 label 循环

    B. for 循环、while 循环、do…while 循环以及 for…in 循环

    C. for 循环、do…while 循环、break 循环以及 for…in 循环

    D. for 循环、for…in 循环、while 循环以及 and 循环

13. 定义 JavaScript 数组的正确方法是(　　　)。

    A. var txt = new Array="tim","kim","jim"

    B. var txt = new Array(1："tim",2："kim",3："jim")

    C. var txt = new Array("tim","kim","jim")

    D. var txt = new Array：1=("tim")2=("kim")3=("jim")

二、填空题

1. JavaScript 有两种主要引用数据类型：_____、_____。

2. JavaScript 里取字符串的长度是_____,取数组的长度是_____。

3. JavaScript 里 Math 的_____方法返回介于 0 和 1 之间的伪随机数。

4. JavaScript 有两种特殊数据类型：_____、_____。

5. JavaScript 脚本语言的特征：_____。

6. 在 JavaScript 中,如果需要声明一个整数类型的变量 num,格式是_____。

7. JavaScript 是面向对象的,使用_____体现 JavaScript 的继承关系。

8. JavaScript 当中的变量,分为_____、_____。

三、简答题

1. JavaScript 的三种引入方式是什么?

2. 举例 JavaScript 常用数据类型有哪些。

3. 举例 Javascript 的常用对象有哪些。

4. 脚本语言和 HTML 语言有何联系和区别?

5. 谈谈对 JSON 的了解。

四、编程题

1. 给定一个整数数组和一个目标值,找出数组中的和为目标值的两个数。可假设每个输入只对应一种答案,且同样的元素不能被重复利用。

示例:

给定 nums = [2, 7, 11, 15],target = 9;因为 nums[0] + nums[1] = 2 + 7 = 9;所以返回 [0, 1]。

2. var arr1 = [1, 2, 3, 4, 5],var arr2 = [3, 4, 9, 5, 6, 7],将两数组比较,要求将 arr1 里相同的部分与 arr2 不同的部分合并得到新数组[3, 5, 4, 9, 6, 7]。

3. 要求将数组重复的部分去除：var arr = [1, 5, 9, 8, 6, 4, 1, 5, 2, 6, 9, 8, 2]。

4. 要求删除数组中包含 age：18 的 JSON 对象。

```
var data = [{name:'wang', age:'18'}, {name:'wang2', age:'19'}, {name:'wang3',
age:'18'}, {name:'wang4', age:'18'}]
```

5. 编写一个方法去重：var arr = ['abc', 'abcd', 'sss', '2', 'd', 't', '2', 'ss', 'd']。

第6章

函数和事件

　　JavaScript 的一个基本特征是事件驱动，其中，事件可以是浏览器行为，也可以是用户行为，程序对事件做出的响应称为事件处理。函数是一段有名字的程序，定义函数主要是为了更好地重用代码以及处理事件。函数和事件相互搭配，往往可以制造出更好的效果。

　　本章将介绍函数和事件的相关概念、函数调用、常用函数、事件处理流程、常用事件以及事件驱动函数等内容。

◆ 6.1　函　　数

　　函数是一段用于处理单任务的可复用代码块，可在需要的时候调用。每个函数都是一个 Function 对象，函数像其他对象一样具有属性和方法，区别在于函数可以被调用。

　　JavaScript 中，函数包括自定义函数和内置函数。

6.1.1　自定义函数

　　自定义函数由用户根据需要自行定义，可以定义两类函数：有名函数和匿名函数。自定义函数时，需要使用关键字 function。定义有名函数需要指定函数名。定义匿名函数不需要指定函数名。

1. 有名函数

定义有名函数的基本语法如下：

```
function 函数名([参数表]){
  函数体;
  [return [表达式];]
}
```

2. 匿名函数

匿名函数包括两种形式：函数表达式形式和事件注册形式。

（1）函数表达式形式。

定义函数表达式形式的匿名函数，基本语法如下：

```
var fun=function([参数表]){
    函数体;
    [return [表达式];]
}
```

函数表达式将匿名函数赋给一个变量后，匿名函数就可通过该变量来调用。

（2）事件注册形式。

定义事件注册形式的匿名函数，其基本语法如下：

```
文档对象事件=function(){
    函数体;
}
```

① 函数名：定义有名函数时，必须指定函数名，函数名可任意命名，但必须符合标识符命名规范，且不能使用 JavaScript 的保留字和关键字。函数名一般首字母小写，通常是动名词，最好见名知意。如果函数名由多个单词构成，则单词之间使用下画线连接，如 get_name，或写成驼峰式，如 getName。

② 参数表：可选，用于接收调用函数时的传递参数，可接收任意类型的数据。没有参数时，小括号也不能省略；如果有多个参数，参数之间用逗号分隔。此时，参数只是一个变量，没有具体的值，因而称为虚参或形参，虚参在内存中没有分配存储空间。

③ 函数体：由大括号"{ }"括起来的语句块，用于实现函数功能。调用函数时，将执行函数体语句。

④ return[表达式]：可选，执行该语句后，将终止函数的执行，并返回指定表达式的值。其中，表达式可以是任意表达式、变量或常量。如果 return 语句缺省表达式，则函数返回 undefined 值。

事件注册形式定义的匿名函数，通常不需要 return 语句，且一般没有参数。

注意：当一个函数需要在多个地方调用时，需定义为有名函数或函数表达式，若仅处理一个对象的某个事件，通常使用事件注册形式定义的匿名函数。

【示例 6-1】　定义带 return 语句的有名函数。

```
<script>
    function getMax(a, b) {
      if (a > b) {
        return a;
      }
      else {
        return b;
      }
    }
</script>
```

上述代码定义了名为 getMax 的函数，其中，有 a 和 b 两个虚参，函数体中有两个 return 语句，当 a 大于 b 时，返回 a 的值，否则返回 b 的值。

【示例 6-2】 定义不带 return 语句的有名函数。

```
<script>
    function sayHello(name) {
      alert("Hello, " + name);
    }
</script>
```

上述代码定义了一个名为 sayHello 的函数，虚参为 name，函数体中没有返回值，调用函数时会弹出警告对话框，输出"Hello，"＋name。

【示例 6-3】 定义函数表达式。

```
<script>
    var getMax = function (a, b) {
      if (a > b) {
        return a;
      }
      else {
        return b;
      }
    }
</script>
```

上述代码将一个匿名函数赋值给变量 getMax，虚参和函数体的功能和示例 6-1 一样。

【示例 6-4】 对事件注册一个匿名函数。

```
<script>
    window.onload = function () {
      alert("Hello");
    }
</script>
```

上述代码对窗口的加载事件注册了一个匿名函数，当文档窗口一加载完成，将立即执行该匿名函数，弹出警告对话框。

6.1.2 函数调用

函数被定义后，并不能单独自动运行，通常需要用户主动调用。在 JavaScript 中，函数调用可分为函数调用、方法调用、构造器调用以及 apply 调用、call 调用五种方式。

在函数调用方式中，只需要引入函数名并传入相应的参数即可。

有名函数调用时，在需要执行函数的地方直接使用函数名，且使用具有具体值的参数代替虚参。函数调用时的参数与函数定义时的参数不同，有具体的值，因而称函数调用的参数为实参。

函数调用的基本语法如下：

函数名称(实参表);

当把函数表达式变量看作匿名函数的函数名时,函数表达式形式定义的匿名函数和有名函数的调用完全一样。

处理事件时,调用的函数可以是有名函数,也可以是匿名函数。调用有名函数时,只写函数名,格式如下:

```
事件目标对象.事件名=函数名;
```

例如:

```
document.getElementById('box').onclick = function1;
function function1() {…}
```

【示例 6-5】　函数调用。

```
<script>
    function getSum(){                          //定义函数
        var sum = 0;                            //保存参数和
        for (i in arguments){                   //遍历参数,并累加
            sum += arguments[i];
        }
        return sum;                             //返回函数处理结果
    }
        console.log(getSum(10,30,50));          //函数调用
</script>
```

在上述代码中,第 2～8 行代码用于定义函数 getSum();第 4～6 行用于遍历参数,其中第 5 行用于累加;第 7 行利用 return 关键字返回变量 sum 的值;第 9 行用于在控制台输出调用函数 getSum() 的结果。其效果如图 6-1 所示。

图 6-1　函数调用的结果

【示例 6-6】　调用函数表达式形式定义的匿名函数。

```
<script>
    //console.log("三个实参结果相加为="+add(1,3,5));
    //如若在此调用,则会出现错误
    var add=function(a,b,c){//定义函数
        return a+b+c;
    }
    //函数调用
    console.log("两个实参结果相加为="+add(1,3));
    console.log("三个实参结果相加为="+add(1,3,5));
    console.log("四个实参结果相加为="+add(1,3,5,7));
</script>
```

在上述代码中,把匿名函数赋给了变量 add,这样就可通过 add 来调用匿名函数。注意,函数的调用语句必须放在函数定义语句后,否则将会出错。若在上述代码第二行调用匿名函数,则会出现类型错误异常,放在函数定义语句后面调用的三条代码,结果都正常。上述代码运行结果如图 6-2 所示。

图 6-2　调用函数表达式形式定义的匿名函数的结果

【示例 6-7】　事件注册函数的调用。

```html
<!DOCTYPE html>
<html lang="en">
<head>
    <meta charset="UTF-8">
    <title>事件注册函数的调用</title>
</head>
<body>
    <form>
        <select name="background" id="background">
            <option value="lightgreen">浅绿色</option>
            <option value="lightpink">浅粉色</option>
            <option value="lightyellow">浅黄色</option>
        </select>
        <input type="button" id="choose" value="使用选择的颜色更改背景颜色"
    </form>
    <script>
        var oChoose=document.getElementById("choose");
        var oBackground=document.getElementById("background");
        oChoose.onclick=function(){
            document.body.style.backgroundColor=oBackground.value;
        };
    </script>
</body>
</html>
```

上述代码将匿名函数绑定到了按钮的单击事件之上,当用户每次单击按钮时,都会调用一次匿名函数,实现在下拉列表中更换背景颜色的目的,代码运行结果如图 6-3 和图 6-4 所示。

图 6-3　使用黄色更改背景颜色

图 6-4　使用绿色更改背景颜色

6.1.3　嵌套函数

嵌套函数是指在一个函数内部存在另一个函数的声明。对于嵌套函数而言,内层函数只能在外层函数作用域内执行,在内层函数执行的过程中,若需要引入某个变量,首先会在当前作用域中寻找,若未找到,则继续向上一层级的作用域中寻找,直到全局作用域。

函数嵌套调用是指在调用一个函数的过程中,调用另一个函数,即在某个函数内调用其他函数。

【示例 6-8】　嵌套函数。

```
<script>
    var i='将进酒';
    function fun1() {              //声明的第 1 个函数
    var i='杯莫停';
    function fun2(){              //声明的第 2 个函数
        function fun3() {              //声明的第 3 个函数
          console.log(i);
    }
    fun3();
    }
    fun2() ;
    }
    fun1();
</script>
```

在上述代码中,函数 fun1()内嵌套了函数 fun2(),fun2()函数内嵌套了函数 fun3(),并在 fun3()函数中输出变量 i。但是 fun3()和 fun2()函数中都没有变量 i 的声明,因此程序会继续向上层寻找,在 fun1()函数中找到了变量 i 的声明,最后在控制台的输出结果为“杯莫停”,运行结果如图 6-5 所示。

图 6-5　嵌套函数的运行结果

递归调用是函数嵌套调用中的一种特殊调用,是指一个函数在其函数体内调用自身的过程,即函数自己调用自己,这种函数称为递归函数。注意,递归函数只在特定的情况下使用，如计算阶乘。

【示例 6-9】 运用递归函数完成阶乘运算。

```
<script>
    function factorial(n) {               //定义递归函数
        if(n==1) {
            return 1;                      //递归出口
        }
    return n * factorial(n -1);
}
    var n = prompt('求 n 的阶乘\n,n 是大于或等于 1 的正整数,如 2 表示求 2!');
    n = parseInt(n) ;
    if (isNaN(n)) {
        console.log('输入的 n 值不合法');
}
    else{
        console.log(n + '的阶乘为:'+ factorial(n));
    }
</script>
```

上述代码中定义了一个递归函数 factorial()，用于实现 n 的阶乘计算。当 n 不等于 1 时，递归调用当前变量 n 乘以 factorial(n－1)，直到 n 等于 1 时，返回 1。其中，第 8 行用于接收用户传递的值，第 9～14 行对用户传递的数据进行处理，当符合要求时调用 factorial() 函数，否则在控制台输出错误提示信息。

当 n 赋值为 5 时，factorial() 函数输出结果如图 6-6 所示。其中，factorial() 函数被调用了 5 次，并且每次调用时，n 的值都会递减。当 n 的值为 1 时，所有递归调用的函数都会以相反的顺序相继结束，所有的返回值相乘，最终得到的结果为 120。示例 6-9 的运行结果如图 6-6 所示。

图 6-6 运用递归函数完成阶乘运算的运行结果

递归调用在遍历维数不固定的多维数组时非常合适，但其占用的内存和资源较多，同时难以实现和维护，因此，在开发中须慎重使用函数的递归调用。

6.1.4 内置函数

内置函数由 JavaScript 提供，用户可以直接使用。JavaScript 常用的内置函数如表 6-1 所示。

表 6-1 JavaScript 常用内置函数

函　　数	描　　述
parseInt()	将字符型参数转换为整型

续表

函　　数	描　　述
parseFloat( )	将字符型参数转换为浮点型
isFinite( )	判断参数是否为无穷大
isNaN( )	判断参数是否为 NaN
encodeURI( )	把字符串作为 URI 进行编码
decodeURI( )	将 encodeURI( )编码的文本进行解码

1. parseInt( )函数

语法：parseInt(stringNum,[radix])

说明：stringNum 参数指需要转换为整型的字符串；radix 参数指 2～36 的数字，表示 stringNum 参数的进制数，取值为 10 时，可省略。

作用：将以 radix 为基数的 stringNum 字符串参数解析成十进制数。若 stringNum 字符串不是以合法的字符开头，则返回非数值 NaN；在解析过程中，如果遇到不合法的字符，则马上停止解析，并返回已经解析的值。

2. parseFloat( )函数

语法：parseFloat（stringNum）

说明：stringNum 参数指需要解析为浮点型的字符串。

作用：将首位为数字的字符串解析成浮点型数值。若 stringNum 字符串不是以合法的字符开头，则返回 NaN；在解析过程中，如果遇到不合法的字符，则马上停止解析，并返回已经解析的值。

3. isFinite( )函数

语法：isFinite(num)

说明：num 参数指需要验证的数值。

作用：用于检验参数指定的值是否为无穷大。如果 num 参数是有限数值，或者可转换为有限数值，则返回 true。如果 num 参数是 NaN，或者是正、负无穷大的数，则返回 false。

4. isNaN( )函数

语法：isNaN(value)

说明：value 参数指需要验证是否为数值的值。

作用：用于确定 value 参数是否是数值，如果 value 参数为 NaN 或字符串、对象、undefined 等非数值，则返回 true，否则返回 false。

注意：isNaN( )在判断参数是否为数值之前，会首先使用 Number( )对参数进行数值类型转换。所以 isNaN(value)等效于 isNaN(Number(value))。当参数 value 能被 Number( )转换为数值时，结果返回 false，否则返回 true。

5. encodeURI( )函数

语法：encodeURI(urlString)

说明：urlString 参数指需要转换为 URI 编码的字符串。

作用：将参数 urlString 进行 URI 编码。

6. decodeURI( )函数

语法：decodeURI(urlString)

说明：urlString 参数指需要解码的 URI 编码。

作用：用于将 encodeURI( )函数编码的 URI 解码成最初的字符串，并返回。

6.1.5　箭头函数

箭头函数相当于匿名函数，简化了函数定义，可理解为简化的匿名函数，其调用方法与匿名函数一样。

箭头函数的定义与其他函数不同，使用等于号"＝"和大于号"＞"字符组成的箭头"＝＞"代替 function 关键字，语法如下：

```
(参数 1, 参数 2…) => { 函数体 }
```

注意：多条语句同时存在时不能省略{ … }和 return，没有参数或者多个参数存在时不能省略( )。

普通函数基本语法示例如下：

【示例 6-10】　普通函数基本语法。

```
let fun = function (str) {
    console.log(str)
}
```

箭头函数语法示例如下：

```
let fun = (str) => {console.log(str)}
```

下面是箭头函数的常见简写方法。

（1）如果箭头函数没有参数，依然要写括号，示例如下：

```
<script>
  let fun = () => {
    console.log('空山新雨后');
  }
</script>
```

（2）如果只有一个参数，那么可以省略小括号( )，示例如下：

```
<script>
    let fun = name => {
```

```
    //通过模板字符串完成字符的拼接,注意是反引号``
    console.log(`天气晚来秋${name}`);
    fun("LiShu");
    }
</script>
```

(3) 如果函数体只有一句执行代码,那么可以省略大括号{ },此时自带 return 功能,示例如下:

```
<script>
    let fun = secondline => `明月松间照,${secondline}`;
    console.log(fun('清泉石上流。'));
</script>
```

箭头函数内部的 this 指向上一层函数的 this 所指对象,也就是说,箭头函数自身没有 this 指向的问题,可通过以下两个例子进行说明。

【示例 6-11】 函数中 this 指向。

```
<script>
    let fun1 = {
        name:'山居秋暝',
        init:function(){
          console.log(this)
          }
        }
    fun1.init()
</script>
```

上述代码中,this 指向的是它所在的对象,输出内容如图 6-7 所示。

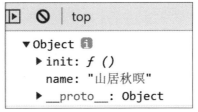

图 6-7 函数 fun1 中 this 指向的打印结果

【示例 6-12】 箭头函数中 this 指向。

```
<script>
  let fun2 = {
    name:'王维',
    init:() => {
        console.log(this)
        }
      }
```

```
    fun2.init()
</script>
```

上述代码运用箭头函数,其打印出来的内容与运用 function 关键字的代码所打印的内容并不相同,如图 6-8 所示。

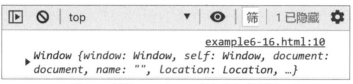

图 6-8　函数 fun2 中 this 指向的打印结果

与第一个代码不同的是,此时的 this 指向的是它所在的对象的"父级",也就是Window。不同的原因在于,在 JavaScript 中,函数通过 function 关键字定义,而箭头函数没有 function 关键字,所以箭头函数没有形成自己的作用域,其作用域来自其父作用域,当箭头函数内部访问 this 对象时,会去其父作用域里查找。

注意: 将函数名赋值给一个变量,变量里存放的是函数的首地址,变量代表整个函数。将函数名带圆括号赋值给一个变量时,是将函数执行后的返回值赋给了变量,变量里存放的是返回值。

◆ 6.2　事　　件

事件是指发生在 HTML 元素上的事情,当与 Web 页面进行某些类型的交互时,事件就发生了。以下从事件定义和常用事件、事件处理流程、注册事件、事件对象和事件代理四方面进行介绍。

6.2.1　事件定义和常用事件

事件是文档或浏览器中发生的特定交互瞬间,通过使用 JavaScript,可监听特定事件的发生,例如,移动鼠标、按下某个键盘、单击按钮等。也可能是 Web 浏览器中发生的事件,如某个 Web 页面加载完成,或者是用户滚动窗口或改变窗口大小。

常用鼠标事件如表 6-2 所示。

表 6-2　常用鼠标事件

鼠　标　事　件	触　发　条　件
onclick	鼠标单击触发
onmouseover	鼠标经过触发
onmouseout	鼠标离开触发
onfocus	获得鼠标焦点触发
onblur	失去鼠标焦点触发
onmousemove	鼠标移动触发
onmouseup	鼠标弹起触发
onmousedown	鼠标按下触发

事件除了使用鼠标触发,还可以使用键盘触发,常用键盘事件如表 6-3 所示。

表 6-3 常用键盘事件

键 盘 事 件	触 发 条 件
onkeyup	某按键松开时触发
onkeydown	某按键按下时触发
onkeypress	某按键按下时触发,不识别 shift 等功能键

注意:onkeypress 不能识别功能键,例如左右箭头、ctrl 和 shift 等,且三个事件的执行顺序是,首先 onkeydown,然后 onkeypress,最后 onkeyup。

6.2.2 事件处理流程

在 JavaScript 中,事件处理的过程主要分为以下三步。

(1)发生事件。

(2)启动事件处理程序。

(3)事件处理程序做出反应,即使用函数进行事件处理。

在事件监听过程中,当事件源产生一个事件时,如鼠标单击、鼠标经过等,该事件会在元素结点与根结点之间的路径上传播,路径所经过的结点都会收到该事件,这个传播过程称为 DOM 事件流。

DOM 事件流包括捕获和冒泡两个阶段,如图 6-9 所示,它定义了元素事件触发的顺序,主要描述在不同元素上相同类型的事件处理器被激活会发生什么。例如,将<p>元素插入到<div>元素之中,用户单击<p>元素,<p>和<div>两个不同元素中,哪个元素的"click"事件先被触发呢?

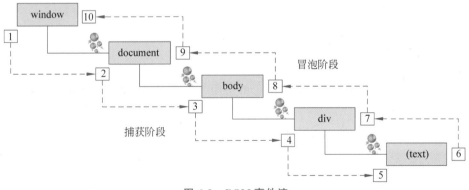

图 6-9 DOM 事件流

冒泡阶段,即事件默认执行阶段,事件由最具体的元素接收,然后逐级向上传播,直到最不具体的元素。内部元素的事件会先被触发,然后再触发外部元素,即<p>元素的单击事件先触发,然后再触发<div>元素的单击事件。

捕获阶段,事件由最不具体的顶层对象开始触发,然后逐级向下传播,直到最具体的目标元素。外部元素会先被触发,然后才会触发内部元素的事件,即<div>元素的单击事件先触发,然后再触发<p>元素的单击事件。

6.2.3 注册事件

根据 DOM 标准的不同,DOM 事件可分为 DOM0 级和 DOM2 级事件,都可以注册事件。

1. DOM0 级事件

DOM0 级事件是指将一个函数赋值给一个元素的事件属性,可以通过 onclick、onmouseover、onkeydown、onmouseout、onchange、onload 等常见的 HTML 事件属性来注册,这种方式可统称为使用 onclick 等事件属性注册。

(1) 在 HTML 中处理程序。

在 HTML 中分配事件处理程序,只需要在 HTML 标记中添加相应的事件,并在其中指定要执行的代码或函数名即可。

【示例 6-13】 在 HTML 中分配事件处理程序。

```
<!DOCTYPE html>
<html lang="en">
<head>
    <meta charset="UTF-8">
    <title>在 html 中分配事件处理程序</title>
</head>
<body>
<input type="button" name="save" value="保存" id="saveId" onclick="save()">
<script type="text/javascript">
    function save() {
        alert("保存按钮被单击");
    }
</script>
</body>
</html>
```

注意:此种方式不利于内容与事件的分离。

(2) 在 JavaScript 中处理程序。

在 JavaScript 中,首先获得要处理对象的引用,然后将要执行的处理函数赋值给对应的事件属性。

【示例 6-14】 在 JavaScript 中调用事件处理程序。

```
<!DOCTYPE html>
<html lang="en">
<head>
    <meta charset="UTF-8">
    <title>在 JavaScript 中调用事件处理</title>
</head>
<body>
<input type="button" name="save" value="保存" id="saveId" >
<script type="text/javascript">
    var btSave=document.getElementById('saveId');
```

```
    btSave.onclick=function () {
        alert("保存按钮被单击");
    }
    btSave.onclick=null;//如果想要删除按钮的单击事件,将其置为 null 即可
</script>
</body>
</html>
```

注意:DOM0 级添加事件时,后面的事件会覆盖前面的事件。

2. DOM2 级事件

DOM2 级事件也是对特定对象添加事件处理程序,和 DOM0 级事件相比,DOM2 级事件允许 JavaScript 在 HTML 文档元素中注册不同事件处理程序。

DOM2 级事件主要涉及 addEventListener()和 removeEventListener()两个方法,分别用来绑定和解绑事件。

(1)添加监听事件。

addEventListener()方法用于向指定元素添加监听事件,语法如下:

```
element.addEventListener(event, function, useCapture)
```

参数 event 必需,表示监听的事件,例如 click,即不需要添加前缀 on 的事件。参数 function 必须,表示事件触发后调用的函数,可以是外部定义函数,也可以是匿名函数。参数 useCapture 选填,用于描述事件是冒泡阶段执行还是捕获阶段执行,true 表示捕获阶段,默认值为 false,表示冒泡阶段。若想阻止冒泡,可通过事件对象 event.stopPropagation()方法或者 return false 语句阻止事件冒泡。

(2)监听事件移除。

可以使用 removeEventListener()移除 addEventListener()添加的事件监听,语法如下:

```
removeEventListener(event, function, useCapture)
```

removeEventListener()的参数与 addEventListener()一致。

【示例 6-15】　DOM2 级事件处理程序示例。

```
<input id="btn" value="按钮" type="button">
<script>
    var btn=document.getElementById("btn");
    //这里把最后一个值置为 false,即不在捕获阶段处理,一般来说冒泡处理在各浏览器中
    //兼容性较好
    btn.addEventListener("click",showmsg1,false);
    //添加第二个单击 click 事件
    btn.addEventListener("click",showmsg2,false);

    function showmsg1(){
```

```
        alert("DOM2 级事件处理程序 1");
    }
    function showmsg2(){
        alert("DOM2 级事件处理程序 2");
    }
    btn.removeEventListener("click",showmsg1,false);
    //如果想要把这个事件删除,只需要传入同样的参数即可
</script>
```

注意：addEventListener()方法不需要加 on,JavaScript 常用监听事件如表 6-4 所示。

表 6-4　JavaScript 常用监听事件

类　　型	事　　件	描　　述
鼠标事件	click	单击鼠标时,触发此事件
	dblclick	双击鼠标时,触发此事件
	mousedown	按下鼠标时,触发此事件
	mouseup	按下鼠标后松开鼠标时,触发此事件
	mouseover	当将鼠标指针移动到某对象范围的上方时,触发此事件
	mousemove	移动鼠标时,触发此事件
	mouseout	当鼠标指针离开某对象范围时,触发此事件
键盘事件	keypress	当用户键盘上的某个字符键被按下时,触发此事件
	keydown	当用户键盘上的某个按键被按下时,触发此事件
	keyup	当用户键盘上的某个按键被按下后松开时,触发此事件
窗口事件	abort	图像的加载被中断,例如,当图形尚未完全加载前,用户就单击了一个超链接,或单击停止按钮时,触发此事件
	error	加载文件或图像发生错误时,触发此事件
	load	页面内容加载完成时,触发此事件
	resize	当浏览器窗口的大小被改变时,触发此事件
	unload	当前页面关闭或退出时,触发此事件
表单事件	blur	当前表单元素失去焦点时,触发此事件
	click	单击复选框、单选按钮或 button 等按钮时触发此事件
	change	表单元素的内容发生改变并且元素失去焦点时,触发此事件
	focus	当表单元素获得焦点时,触发此事件
	reset	单击表单上的 reset 按钮时,触发此事件
	select	选择了一个 input 或 textarea 表单域中文本时,触发此事件
	submit	单击 submit 按钮提交表单时,触发此事件

6.2.4　事件对象和事件代理

1. 事件对象

event 对象代表事件的状态,例如,键盘按键的状态、鼠标按钮的状态,是跟事件相关的一系列信息的集合,当注册事件时,event 对象会自动被系统创建,例如:

```
<button onclick="alert('浏览器窗口可视区 X 坐标为:'+event.clientX)">单击
</button>
```

常见鼠标事件对象 MouseEvent 和键盘事件对象 KeyboardEvent 如表 6-5 和表 6-6 所示。

表 6-5　鼠标事件对象

鼠标事件对象	描　述
event.clientX	返回鼠标相对于浏览器窗口可视区的水平坐标
event.clientY	返回鼠标相对于浏览器窗口可视区的垂直坐标
event.pageX	返回鼠标相对于文档页面的水平坐标,IE9＋支持
event.pageY	返回鼠标相对于文档页面的垂直坐标,IE9＋支持
event.screenX	返回鼠标相对于电脑屏幕的水平坐标
event.screenY	返回鼠标相对于电脑屏幕的垂直坐标

表 6-6　键盘事件对象

键盘事件对象	描　述
keyCode	返回触发 onkeypress 事件的按键的 Unicode 字符代码,或触发 onkeydown 或 onkeyup 事件的按键的 Unicode 按键代码
key	返回事件表示的键的键值
ctrlKey	返回触发鼠标事件时,是否按下了"Ctrl"键
altKey	返回触发按键事件时,是否按下了"Alt"键

表 6-5 和表 6-6 中,字符代码表示 ASCII 字符的数值,按键代码表示键盘上实际键的数值,例如,"A"和"a"的按键代码都为 65。event 就是一个事件对象,可写到监听函数的小括号里,当作形参。只有当有了事件,event 才会存在,它由系统自动创建,不需要用户传递参数,所以,事件对象可以自行灵活命名,例如 event、evt、e 等。

注意:事件对象也有兼容性问题,在 IE6～IE8 中,浏览器不会给函数传递参数,如果需要,需要到 window.event 中获取查找,例如:

```
onDiv.onclick = function (e) {
    //如果需要,需要到 window.event 中获取查找
    e = e || window.event;
    console.log(e);
};
```

【示例 6-16】 使用 event 的 target 属性。

```html
<!DOCTYPE html>
<html>
  <head>
    <meta charset="utf-8">
    <title>使用 event 的 target 属性</title>
    <style>
      div {
        background-color: red;
        height: 100px;
        width: 25%;
        float: left;
      }
    </style>
  </head>
  <body>
    <script>
      for(let i = 1; i <= 16; i++) {
        const myDiv = document.createElement('div');
        document.body.appendChild(myDiv);
      }
      function random(number) {
        return Math.floor(Math.random() * number);
      }
      //声明 bgChange 函数
      function bgChange() {
        const rndCol = 'rgb(' + random(255) + ',' + random(255) + ',' + random
(255) + ')';
        return rndCol;
      }
      const divs = document.querySelectorAll('div');
      for(let i = 0; i < divs.length; i++) {
        divs[i].onclick = function(e) {
          e.target.style.backgroundColor = bgChange();
                                      //修改背景色,e.target 表示事件发生的元素
        }
      }
    </script>
  </body>
</html>
```

上述代码中,有一组 16 块方格,当它们被单击时就会消失。用 e.target 总是能准确选择当前操作的方格,并执行函数让它消失。事件对象 e 的 target 属性始终是事件刚刚发生的元素的引用,然后在事件处理函数中引用它。

注意:e.target 指向触发事件的元素,e.currentTarget 指向注册事件的元素。在多个元素上设置相同的事件处理程序时,e.target 非常有用。

2. 事件代理

事件代理,也称为事件委托,是指利用事件冒泡的原理,把原本需要注册在子元素上的事件,委托给父级元素处理,以降低和 DOM 的交互次数,减少事件注册,节省内存,提高性能。

例如,页面上有一个节点树——div>ul>li。如果给最里面的<li>添加一个 click 单击事件,那么该事件就会由内往外执行,执行顺序 li>ul>div。如果给最外面的<div>添加 click 单击事件,则里面的<ul>和<li>触发单击事件时,都会冒泡到最外层的<div>上,此时,click 事件触发。这就是事件代理,委托元素的父级元素代为执行事件。

【示例 6-17】 事件代理,获取<li>标签中内容。

```
<!DOCTYPE html>
<html>
<head>
    <meta charset="utf-8" />
    <title>事件代理,获取<li>标签中内容</title>
</head>
<body>
    <div>
        <ul id="ul">
            <li>第一行</li>
            <li>第二行</li>
            <li>第三行</li>
        </ul>
    </div>
    <script>
        //传统方式
        /*
        let li = document.getElementsByTagName("li");
        for (let item of li) {
            item.onclick = function (event) {
                console.log(item);
                            //等价于 console.log(event.target);输出触发事件的元素
                console.log(event.target.innerHTML);    //输出<li>中内容
                event.target.style.color = "red";       //点击之后,字体颜色变红
            }
        }
        */
        //事件代理
        let oul = document.getElementById("ul");
        oul.onclick = function (event) {
            console.log(event.target.innerHTML);    //输出<li>中内容
            event.target.style.color = "red";       //点击之后,字体颜色变红
        }
    </script>
</body>
</html>
```

event.target 是事件捕获的最里层元素,事件委托基于冒泡原理,对于不冒泡的事件不支持。若层级过多,冒泡过程中,可能会被某层阻止掉。理论上,事件委托会导致浏览器频繁调用处理函数,虽然可能不需要处理,但是建议就近委托。

适合使用事件委托的事件属性包括 click、mousedown、mouseup、keydown、keyup 以及 keypress。不适合的有很多,例如 mousemove,每次使用都要计算它的位置,不好把控。另外,focus 和 blur 之类的事件,本身就没有冒泡的特性,不能用事件委托。

6.3 事件驱动函数

JavaScript 是一种事件驱动的语言,当浏览器载入网页,开始读取后,虽然马上会读取 JavaScript 事件相关的代码,但是必须等到事件被触发,例如单击、按下键盘等,才会执行对应代码段。所谓事件驱动函数,就是在和页面交互过程中所调用的函数。根据函数位置的不同,可分为行内、内联和外链事件驱动三种。

6.3.1 行内事件驱动

行内事件指监听一个元素的事件,可写在标签内。

【示例 6-18】 行内事件调用函数。

```html
<!DOCTYPE html>
<html lang="en">
<head>
    <meta charset="UTF-8">
    <title>行内事件调用函数</title>
</head>
<body>
<input type="button" value="请点击" onclick="javascript:alert('你好')">
<!--onclick:点击触发一个事件,alert:弹出一个对话框-->
</body>
</html>
```

上述代码运行结果如图 6-10 和图 6-11 所示。

图 6-10 行内事件调用函数示例运行结果

图 6-11 触发事件后运行结果

6.3.2　内联事件驱动

1. 页内事件驱动

页内事件驱动在 HTML 文件内完成操作,相比行内事件驱动,页内事件驱动在<script>标签内完成所有函数代码的书写。<script>标签里的程序整个页面都可使用,其语法如下:

```
<script type="text/javascript">js 代码</script>
```

【示例 6-19】　页内事件驱动函数。

```
<!DOCTYPE html>
<html lang="en">
<head>
    <meta charset="UTF-8">
    <title>页内目标事件驱动函数</title>
    <script type="text/javascript">
        //声明一个函数(整个文档都可以使用)
        function surprise() {
            alert('恭喜你获得读书卡一张')/ * 弹出框 * /
        }
    </script>
</head>
<body>
    <input type="button" value="点击有惊喜" onclick="surprise()">
    <!--调用函数-->
    <input type="button" value="点击" onclick="surprise()">
</body>
</html>
```

上述代码运行结果如图 6-12 和图 6-13 所示。

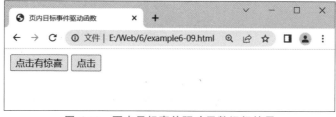

图 6-12　页内目标事件驱动函数运行结果

图 6-13　单击后运行结果

从图 6-13 可以看出,无论是单击左边"点击有惊喜"按钮,还是单击右边"点击"按钮,都会触发事件驱动函数。

2. addEventListener()方法事件驱动

【示例 6-20】 addEventListener()方法。

```
<!DOCTYPE html>
<html>
<head>
    <meta charset="utf-8">
    <title>addEventListener()方法示例</title>
</head>
<body>
    <button id="myBtn">点击</button>
    <p id="demo">
<script>
    document.getElementById("myBtn").addEventListener("click", myFunction);
    function myFunction()
    {
      document.getElementById("demo").innerHTML = "Hello World";
    }
</script>
</body>
</html>
```

上述代码运行结果如图 6-14 和图 6-15 所示。

图 6-14　示例 6-20 运行结果

图 6-15　示例 6-20 单击后运行结果

6.3.3　外链事件驱动

外链事件驱动不在 HTML 文档完成所有函数代码的书写,只是通过链接等方式在

HTML 文档中进行调用。优点是书写完代码后,可以在多个页面多次调用,语法如下:

```
<script type="text/javascript" src="路径/文件名.js"></script>
```

【示例 6-21】　外链事件驱动函数。

```
<!DOCTYPE html>
<html lang="en">
<head>
    <meta charset="UTF-8">
    <title>外链事件驱动函数</title>
    <!--很多 HTML 页面都可以调用 example6-11.js 页面-->
    <script src="example6-11.js" type="text/javascript" charset="utf-8">
    </script>
</head>
<body>
    <input type="button" value="点击" onclick="test()">
</body>
</html>
```

◈ 6.4　事件和函数综合实例

1. 字符串大小写转换

字符串大小写转换代码实现思路如下:

(1) 编写 HTML 表单,设置两个文本框和两个按钮,文本框显示转换前后的数据,按钮用于转换。

(2) 为按钮添加单击事件,并利用函数 deal() 处理。

(3) 编写 deal() 函数,根据传递的不同参数执行不同的转换操作,并将转换后的数据显示到对应位置。

【示例 6-22】　字符串大小写转换。

```
<!DOCTYPE html>
<html>
<head>
  <meta charset="UTF-8">
  <title>字符串大小写转换</title>
</head>
<body>
  <h2>大小写转换</h2>
  <p>原数据:<input id="old" type="text"></p>
  <p>
    操 作:
    <input type="button" value="转大写" onclick="deal('upper')">
    <input type="button" value="转小写" onclick="deal('lower')">
  </p>
```

```
<p>新数据:<input id="new" type="text"></p>
<script>
  function deal(opt) {
    var str = document.getElementById('old').value;
    switch (opt) {
      case 'upper':
        str = str.toUpperCase();
        break;
      case 'lower':
        str = str.toLowerCase();
        break;
    }
    document.getElementById('new').value = str;
  }
</script>
</body>
</html>
```

上述代码运行结果如图 6-16 所示。

图 6-16　大小写转换运行结果

2. 求斐波那契数列第 10 项的值

斐波那契数列又称黄金分割数列,如 1,1,2,3,5,8,13,21,…,该数列从第 3 项开始,每一项都等于前两项之和。

根据斐波那契数列定义,代码实现思路如下:若小于 0,输出错误提示信息;等于 0,返回 0;等于 1,返回 1;大于 1,按斐波那契数列规律,利用函数递归调用实现。

【示例 6-23】　求斐波那契数列第 10 项的值。

```
<!DOCTYPE html>
<html lang="en">
<head>
  <meta charset="UTF-8">
  <title>求斐波那契数列第 10 项的值</title>
</head>
<body>
  <script>
```

```
    function recursion(n) {
      if (n < 0) {
        return '输入的数字不能小于 0';
      } else if (n == 0) {
        return 0;
      } else if (n == 1) {
        return 1;
      } else if (n > 1) {
        return recursion(n - 1) + recursion(n - 2);
      }
    }
    console.log(recursion(10));
  </script>
</body>
</html>
```

上述代码运行结果如图 6-17 所示。

图 6-17　斐波那契数列运行结果

◆ 6.5　习　　题

一、选择题

1. 阅读以下代码,执行 fn1(4,5)的返回值是(　　)。

```
function fn1(x, y) {
    return (++x) + (y++);
}
```

　A. 9　　　　　　　B. 10　　　　　　　C. 11　　　　　　　D. 12

2. 阅读以下代码,执行 fn(7)的返回值是(　　)。

```
var x = 10;
function fn(myNum) {
    var x = 11
    return x + myNum;
}
```

　A. 18　　　　　　　B. 17　　　　　　　C. 10　　　　　　　D. NaN

3. 下列选项中,可以用于获取用户传递的实际参数值的是(　　)。

　A. arguments.length　　　　　　　　B. theNums

　C. params　　　　　　　　　　　　　D. arguments

4. 下面对于常用内置函数说法不正确的是(　　)。

    A. parseFloat()：将字符型参数转换为浮点型

    B. isNaN()：判断参数是否为 NaN

    C. parseInt()：将字符型参数转换为整型

    D. isFinite()：判断参数是否为无穷小

5. 当调用函数时，实参是一个数组名，则向函数传送的是(　　　)。

    A. 数组的长度　　　　　　　　　　　　B. 数组的首地址

    C. 数组每一个元素的地址　　　　　　　D. 数组每个元素中的值

6. 下列关于事件委托说法错误的是(　　　)。

    A. 事件委托可以解决事件绑定程序过多的问题

    B. 事件委托利用了事件捕获原理

    C. 事件委托可以提高代码性能

    D. 事件委托可以应用在 click、onmousedown 事件中

7. (　　　)属性用于获取 HTML 文件的根结点。

    A. documentElement　　　　　　　　　B. rootElement

    C. documentNode　　　　　　　　　　　D. documentRoot

8. 以下关于 JavaScript 中事件的描述，不正确的是(　　　)。

    A. click 鼠标单击事件

    B. focus 获取焦点事件

    C. change 选择字段时触发的事件

    D. mouseover 鼠标指针移动到事件源对象上时触发的事件

9. 在 HTML 页面中，下列选项不属于鼠标相关事件的是(　　　)。

    A. onclick　　　　　B. onmouseover　　　C. onmousedown　　　D. onchange

10. 在 HTML 页面中，下列选项不属于键盘相关事件的是(　　　)。

    A. onkeyup　　　　　B. onkeydown　　　　C. oncontextmenu　　D. onkeypress

11. 下列代码输出的结果是(　　　)。

```
var y = 1;
var x = y = typeof x;
console.log(x);
```

    A. undefined　　　　B. 1　　　　　　　　C. y　　　　　　　　D. 报错

12. 下列代码的执行结果是(　　　)。

```
for(var i = 0;i<10;i++){} document.write(i);
```

    A. 10　　　　　　　　B. 11　　　　　　　　C. 9　　　　　　　　D. 死循环

13. 下列关于事件监听器的说法，错误的是(　　　)。

    A. addEventListener 第三个参数为 false 时，表示事件不会触发

    B. IE8 以下使用 attachEvent 添加事件监听器

    C. addEventListener 同一个事件可以绑定多个函数

    D. IE8 以下浏览器使用 detachEvent 移除监听器

14. 下列对事件相关的描述,错误的是(　　　)。

　　A. 文本输入框输入文本结束后会触发 onchange 事件

　　B. 在表单提交时会触发 onsubmit 事件

　　C. 单击文本输入框会多次触发 onblur 事件

　　D. onmouseover 和 onmouseenter 事件有一定区别

15. 下列代码输出的结果是(　　　)。

```
function fn(a) {
  console.log(a);
  var a = 2;
  function a() {};
  console.log(a);
}
fn(2);
```

　　A. undefined 和报错

　　C. 报错和 2

　　B. function a() {}和 2

　　D. undefined 和 function a(){};

二、填空题

1. _____方式定义函数时,要考虑函数定义和执行的顺序。

2. JavaScript 中函数的作用域分为全局作用域、_____和块级作用域。

3. 代码"function info() {year = 1999;};info();console.log(year)"的结果是_____。

4. 自定义 JS 函数需要使用关键字_____,定义有名函数需要指定函数名称,定义匿名函数则不需要指定函数名称。

5. 箭头函数内部的 this 指向_____,也就是说,箭头函数自身没有 this 指向的问题。

三、简答题

1. 写出下面代码的运行结果。

```
var a, b;
(function() {
  alert(a);
  alert(b);
  var a = b = 3;
  alert(a);
  alert(b);
})();
alert(a);
alert(b);
```

2. 以下代码执行后,num 的值是多少?

```
var foo = function(x, y) {
    return x - y;
```

```
};
function foo(x, y) {
    return x + y;
};
var num = foo(1, 2);
console.log(num);
```

3. 函数的调用方法有几种?

4. 请谈一下改变函数内部 this 指针的指向有哪几种,区别是什么?

5. 简述事件代理机制。

四、编程题

1. 编写一个函数,比较三个数字 5、0、4 的大小,按从小到大顺序输出。

2. 编写生成 4 位数字验证码的函数,并生成 10 次,同时将结果打印出来。

3. 编写一个函数,计算任意两个数字之间所能组成的奇数,数字必须是个位数。例如: 0 和 3 之间能组成的奇数是 01、21、03、13、23、31。

4. 求随机颜色,至少用三种方法。

BOM 与 DOM

浏览器对象模型 BOM 是指浏览器提供的一组 JavaScript 对象和方法,用于操作浏览器窗口、文档、浏览器本身及其他组件。文档对象模型 DOM 是一种用于访问和操作 HTML、XML(Extensible Markup Language)等文档的编程接口。

BOM 和 DOM 都是 JavaScript 脚本与浏览器进行交互的重要接口,它们共同构成了 JavaScript 在 Web 开发中的核心。BOM 主要负责浏览器窗口和浏览器本身的相关操作和功能,而 DOM 主要负责文档内容和结构的相关操作和功能。

◆ 7.1 浏览器对象模型 BOM

7.1.1 BOM 结构

浏览器提供了一系列内置对象,统称为浏览器对象,各内置对象之间按照某种层次组织起来的模型称为浏览器对象模型 BOM,如图 7-1 所示。通过 BOM 可以与浏览器进行交互,例如打开新窗口、获取当前 URL 地址、检测用户浏览器信息等。

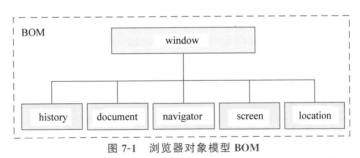

图 7-1　浏览器对象模型 BOM

从图 7-1 可以看出,window 对象是 BOM 的顶层对象,其他的对象都是以属性的方式添加到 window 对象下,也可以称为 window 的子对象。BOM 为了访问和操作浏览器各组件,每个 window 子对象都提供了一系列的属性和方法。

由于 BOM 没有一个明确的规范,所以浏览器提供商会按照各自的想法去扩展 BOM,而各浏览器间共有的对象就成为事实上的标准。利用 BOM 实现具体功能时,要根据实际开发情况考虑浏览器之间的兼容问题,否则会出现不可预料的情况。

7.1.2 BOM 主要对象

下面对 window 对象及子对象的功能进行介绍,具体内容如下。

1. window 对象

window 对象表示浏览器中打开的窗口,是全局对象,可直接调用自己的属性和方法,例如,只写 alert(),而不必写 window.alert(),即 alert("hello!")和 window.alert("hello!")在本质上是相同的。

window 对象的某些属性也是对象,包括 location、history、document、navigator、screen 等,其中,document 对象又包含 forms、images、links 等对象。

(1) 打开新窗口。

window.open()方法,用于打开一个新窗口。

【示例 7-1】 通过标签名获取元素。

```html
<html>
<head>
    <title>打开窗口示例</title>
    <script language="JavaScript">
        var newWin = window.open("2.4.html", "temp", "left=100,top=300,width=
500,height=100, resizable=1");
    </script>
    </body>
</html>
```

(2) 定时器。

定时器的作用是定时执行某个命令或某个程序,在一个设定的时间间隔之后执行代码,而不是在函数被调用后立即执行。

定时器包括两种类型:setTimeout() 和 setInterval()。

setTimeout()与 setInterval()定时器的区别是,前者只在某一设定的时间执行一次,后者间隔设定时间重复不断地执行,直到窗口被关闭或执行 clearInterval()函数,关闭 Interval 为止。

【示例 7-2】 定时器。

```html
<!DOCTYPE html>
<html>
<head>
    <meta charset="utf-8" />
    <title>setInterval 定时器示例</title>
</head>
<body>
    <script language="JavaScript">
        var sec = 0;
        timerID = setInterval("count()", 1000);
```

```
        function count() {
            num.innerHTML = sec++;
        }
    </script>
    停留时间:<font ID="num" face="impact" color="red" size="7">0</font>秒钟
    <input type=button value="停止" onClick="clearInterval(timerID) ">
</body>
</html>
```

上述代码在 Chrome 浏览器中的运行结果如图 7-2 所示。

图 7-2　定时器代码运行结果

【示例 7-3】　显示当前时间。

```
<html>
<head>
    <title>利用 setTimeout 显示当前时间</title>
</head>
<body>
    <form name="form1">
        当前时间:<input type="text" name="time" />
    </form>
    <script>
        function get_time() {
            var today = new Date();
            var hour = today.getHours();
            var minute = today.getMinutes();
            var sec = today.getSeconds();
            var timestr = "";
            hour = hour < 10 ?"0" + hour : hour;
            minute = minute < 10 ?"0" + minute : minute;
            sec = sec < 10 ?"0" + sec : sec;
            timestr = hour + ":" + minute + ":" + sec;
            document.form1.time.value = timestr;
            //间隔 1s 调用一次 get_time()函数
            setTimeout("get_time() ", 1000);
        }
        get_time();                                    //调用函数
    </script>
</body>
</html>
```

上述代码在 Chrome 浏览器中的运行结果如图 7-3 所示。

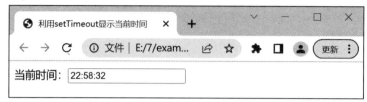

图 7-3　显示当前时间的代码运行结果

2. history 对象

history 对象跟踪用户访问的每个页面,这个页面列表也叫作 history stack。用户单击浏览器的 Back 和 Forward 按钮,其本质就是在历史栈里进行切换。history 常用属性和方法如表 7-1 所示。

表 7-1　history 常用属性和方法

属性/方法	作　用
length	返回浏览器历史栈中的 URL 数量
back()	加载 history 列表中的前一个 URL
forward()	加载 history 列表中的下一个 URL
go()	加载 history 列表中的某个具体页面

3. location 对象

location 对象包含当前页面 URL 有关的信息,location 常用方法如表 7-2 所示。

表 7-2　location 常用方法

属性方法	作　用
href	返回完整的 URL
reload()	重新加载当前文档
replace()	用新的文档替换当前文档

4. navigator 对象

navigator 对象包含浏览器和运行浏览器相关的信息,navigator 常用属性和方法如表 7-3 所示。

表 7-3　navigator 常用属性和方法

属性/方法	作　用
appName	返回浏览器的名称
appVersion	返回浏览器的平台和版本信息

续表

属性/方法	作　用
appCodeName	返回浏览器的代码名
platform	返回运行浏览器的操作系统平台
language	返回浏览器语言
onLine	如果浏览器在线,则返回 true
cookieEnabled	如果启用了浏览器 cookie,则返回 true。
userAgent	返回由客户机发送给服务器的 user-agent 头部的信息
javaEnabled()	如果浏览器启用了 Java,则返回 true。

5. screen 对象

screen 对象包含有关客户端显示屏幕的信息,可利用这些信息来优化它们的输出,以达到用户的显示要求。

例如,一个程序可以根据显示器的尺寸选择使用大图像或者小图像,还可以根据显示器的颜色深度选择使用 16 位色或者 8 位色的图像。JavaScript 程序还能根据屏幕尺寸的信息,将新的浏览器窗口定位在屏幕中间。screen 常用属性和方法如表 7-4 所示。

表 7-4　screen 常用属性和方法

属性/方法	作　用
availHeight	返回屏幕的高度,不包括任务栏
availWidth	返回屏幕的宽度,不包括任务栏
colorDepth	返回目标设备或缓冲器上的调色板的比特深度
height	返回屏幕的总高度
pixelDepth	返回屏幕的颜色分辨率
width	返回屏幕的总宽度

6. document 对象

document 是 BOM 中最常用对象之一,通过调用该对象的方法或者属性,可以访问和处理页面上的 HTML 元素,如图 7-4 所示。

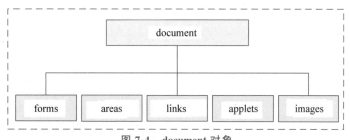

图 7-4　document 对象

document 有很多关联的属性,forms、images、links 等这些属性都是 document 下的数组对象,方便用于快速获得具体类型的元素,document 常用属性和方法如表 7-5 所示。

表 7-5   document 常用属性和方法

属性/方法	作 用
anchors	返回对文档中所有 anchor 对象的引用
applets	返回对文档中所有 applet 对象的引用
body	返回文档的＜body＞元素
cookie	设置或返回与当前文档有关的所有 cookie
domain	返回当前文档的域名
forms	返回对文档中所有 form 对象的引用
images	返回对文档中所有 image 对象的引用
links	返回对文档中所有 area 和 link 对象的引用
lastModified	返回文档最后被修改的日期和时间
referrer	返回载入当前文档的来源文档的 URL
title	返回当前文档的标题
URL	返回当前文档的 URL
close()	关闭用 open()方法打开的窗口
getElementById()	返回拥有指定 id 的第一个对象的引用
getElementsByName()	返回带有指定名称的对象集合
getElementsByTagName()	返回带有指定标签名的对象集合
open()	打开文档进行写入
write()	向文档写 HTML 表达式或 JavaScript 代码
document.createElement()	创建元素结点
document.createAttribute()	创建一个属性结点
document.createTextNode()	创建文本结点
document.querySelector()	返回文档中匹配指定的 CSS 选择器的第一元素
writeln()	等同 write()方法,并在每条语句后添加换行符

◆ 7.2   文档对象模型 DOM

DOM 包括核心 DOM、XML DOM 和 HTML DOM 三个主要部分。其中,核心 DOM 定义了操作所有文档的通用方法和属性,包括 HTML 和 XML。XML DOM 扩展了核心 DOM 以支持 XML 文档。HTML DOM 扩展了核心 DOM 以支持 HTML 文档,HTML DOM 标准较为常用。

7.2.1　DOM 结构

根据 W3C 的 HTML DOM 标准,HTML 文档中的所有内容都是结点,DOM 将文档解析为由结点和对象组成的树状结构,这些结点和对象可以利用 JavaScript 进行访问和操作,动态地改变文档的内容、结构和样式,从而实现动态交互效果,结点树如图 7-5 所示。

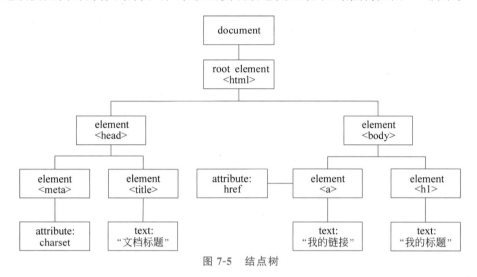

图 7-5　结点树

整个 HTML 文档是一个 document 文档结点,每个 HTML 元素是元素结点,HTML 元素内的文本是文本结点,每个 HTML 属性是属性结点,注释是注释结点,这种结构被称为结点树。DOM 模型用一个逻辑树来表示一个文档,树的每个分支的终点都是一个结点,每个结点都包含着对象,根结点是 document。

树中的结点彼此拥有层级关系,父 parent、子 child 和同胞 sibling 等术语用于描述这些关系,其中,父结点拥有子结点,同级的子结点称为同胞,也称为兄弟或姐妹。

在结点树中,一个结点可以拥有任意数量的子结点,同胞是拥有相同父结点的结点,顶端结点被称为根结点,除了根结点每个结点都有父结点。

```
<!doctype html>
<html>
  <head>
       <title>DOM 结构</title>
  </head>
  <body>
    <h1>示例页面</h1>
    <div>
       <p>段落 1</p>
       <p>段落 2</p>
    </div>
  </body>
</html>
```

上述代码可以被构造成如图 7-6 所示的树状结构。

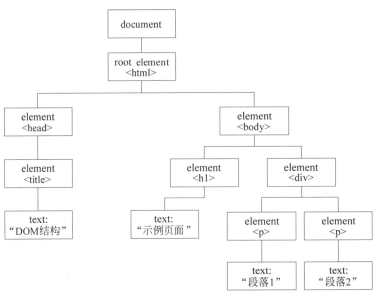

图 7-6   Web 文档结点树

在这个 DOM 树状结构中，每个元素都表示为一个结点，结点之间的父子关系表示为结点之间的连接。＜html＞元素是 DOM 树的根结点，所有其他元素都是该元素的后代结点。例如，头部元素＜head＞和主体元素＜body＞都是该元素的子结点，而标题元素＜title＞则是头部元素＜head＞的子结点。类似的，标题元素＜h1＞和元素＜div＞都是主体元素＜body＞的子结点，段落元素＜p＞又是＜div＞的子结点。

DOM 有五种常用结点，包括：document 结点、element 元素结点、text 文本结点、attribute 属性结点以及 comment 注释结点。

例如，＜html＞、＜body＞、＜p＞等是元素结点，＜li＞…＜/li＞中的 JavaScript、DOM、CSS 等向用户展示的文本是文本结点，元素＜a＞的属性 href＝"www.iecgp.com"是属性结点。

结点有 nodeType、nodeValue 和 nodeName 三大属性。

（1）nodeType：结点的类型，元素结点、属性结点、文本结点的 nodeType 值分别为 1、2、3。

（2）nodeValue：结点的值，元素结点的值是 null，属性结点的值是属性值，文本结点的值就是文本字符串，nodeValue 属性的替代选择是 textContent 属性。

（3）nodeName：结点的名称，元素结点、属性结点、文本结点的名称分别为元素的名称、属性的名称和♯text。

7.2.2   获取元素

JavaScript 获取 DOM 元素的方法主要有八种，包括：通过标签名的方法 getElements-ByTagName、通过标签属性 name 的方法 getElementsByName、通过类名的方法 getElementsByClassName、通过 ID 获取的方法 getElementById、获取＜html＞元素的方法 document.documentElement、获取＜body＞元素的方法 document.body、通过选择器获取一个元素的方法 querySelector，以及通过选择器获取一组元素的方法 querySelectorAll。

本节主要介绍前三种方法。

1. 通过标签名获取元素

使用 getElementByTagName("标签名")方法,可以返回带有指定标签名的对象的集合,详情如表 7-6 所示。

表 7-6　通过标签名获取元素

基 本 语 法	描　　述
getElementsByTagName()	方法:调用 document 对象的 getElementsByTagName()方法
	参数:字符串类型的标签名
	返回值:同名的元素对象组成的数组
	注意:操作数据时需要按照操作数组的方法进行

注意:因为得到的是一个对象的集合,所以想要操作里面的元素就需要遍历。如果页面中只有一个元素,返回的是伪数组的形式;如果页面中没有这个元素,返回的是空的伪数组的形式。

【示例 7-4】　通过标签名获取元素。

```
<!DOCTYPE html>
<html lang="en">
<head>
    <meta charset="UTF-8">
    <title>根据标签名获取元素方法</title>
</head>
<body style="font-size: 25px;">
    <p>人工智能 MOML 算法保障冬奥气象预报</p>
    <p>"冬奥赛场定点气象要素客观预报技术研究及应用"课题,开发出人工智能 MOML 算法赋能
天气预报模型,使预报更精准</p>
    <div>div1</div>
    <div>div2</div>
    <div>div3</div>
    <h4>重大科技成果</h4>
    <div>
        <p>异源四倍体野生稻快速驯化获突破,开辟了全新的作物育种方向。</p>
    </div>
    <script>
        var divs = document.getElementsByTagName("div");    //获取元素
        console.log(divs);
        var ps = document.getElementsByTagName("p");        //通过标签名获取元素
        console.log(ps);                //HTMLCollection html 元素组成的集合
        for (var i = 0; i < ps.length; i++) {
            console.log(ps[i]);         //操作时需要按照操作数组的方法进行,输出每一项
        }
    </script>
</body>
</html>
```

上述代码在 Chrome 浏览器中的运行结果如图 7-7 所示。

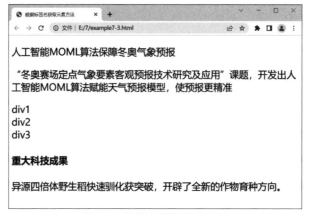

图 7-7　标签名获取运行结果

2. 通过标签属性 name 获取元素

使用 getElementsByName("属性名")获取元素,获取结果是一个伪数组,可以使用 forEach()进行遍历,详情如表 7-7 所示。

表 7-7　通过标签属性 name 获取元素

基 本 语 法	描　　述	
getElementsByName()	方法:调用 document 对象的 getElementsByName()方法	
	参数:字符串类型的 name 属性值	
	返回值:name 属性值相同的元素对象组成的数组	

【**示例 7-5**】　通过 name 属性获取元素。

```html
<!DOCTYPE html>
<html lang="en">
<head>
    <meta charset="UTF-8">
    <title>根据 name 属性获取元素方法</title>
</head>
<body style="font-size: 25px;">
    <form>
        <input type="radio" name="age">0~10<br>
        <input type="radio" name="age">11~20<br>
        <input type="radio" name="age">21~30<br>
    </form>
    <div id="age">年龄</div>
    <script>
        var age = document.getElementsByName("age"); //通过标签的 name 属性获取元素
        console.log(age);                            //NodeList 结点列表集合类数组
        //兼容问题:在 IE 和 Opera 有兼容问题,会多选中 id 属性值相同的部分
```

```
        //方法选中的元素也是动态变化的
    </script>
</body>
</html>
```

上述代码在 Chrome 浏览器中的运行结果如图 7-8 所示。

图 7-8　name 属性获取运行结果

3. 通过类名获取元素

使用 getElementByClassName("类名")方法获取元素,结果是一个伪数组,详情如表 7-8 所示。

表 7-8　通过类名获取元素

基 本 语 法	描　　述
getElementsByClassName()	方法:调用 document 对象的 getElementsByClassName()方法
	参数:字符串类型的 class 属性值
	返回值:class 属性值相同的元素对象组成的数组

【示例 7-6】　通过类名获取元素。

```
<!DOCTYPE html>
<html lang="en">
<head>
    <meta charset="UTF-8">
    <title>根据 class 类名获取元素方法</title>
</head>
<body style="font-size: 25px;">
    <div id="box1">
        <p><h3>"探索二号"搭载"深海勇士"号探秘深海冷泉</h3>
            "探索二号"科考船搭载着"深海勇士"号顺利返航!
        </p>
        <p class="para">text of box1</p>
        <p class="para">text of box1</p>
    </div>
        <p class="para">text of box2</p>
        <p class="para">text of box2</p>
    </div>
    <script>
```

```
        var paras = document.getElementsByClassName("para");
                                    //通过 class 类名获取元素
        var box1 = document.getElementById("box1");   //获取 id 为 box1 的元素对象
        console.log(paras);
        var paras1 = box1.getElementsByClassName("para");
                        //元素对象内部也可以调用 getElementsByClassName 方法
        console.log(paras1);
        //兼容问题:不支持 IE8 及以下的浏览器
    </script>
</body>
</html>
```

上述代码在 Chrome 浏览器中的运行结果如图 7-9 所示。

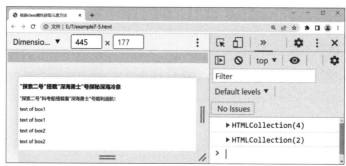

图 7-9　类名获取运行结果

7.2.3　插入元素

插入元素有两种方法,即 appendChild()和 insertBefore()。

1. appendChild()

appendChild()方法向结点的子结点末尾添加新的子结点。

语法:A.appendChild(B);

说明:A 代表父元素,B 代表动态创建好的新元素,即子元素。

【示例 7-7】　appendChild()示例。

```
<!DOCTYPE html>
<html>
<head>
<meta charset="utf-8">
<title>插入元素</title>
</head>
<body>
    <ul id="myList"><li>Coffee</li><li>Tea</li></ul>
    <p id="demo">单击按钮将项目添加到列表中</p>
    <button onclick="myFunction()">点我</button>
<script>
    function myFunction(){
```

```
            var node=document.createElement("li");
            var textnode=document.createTextNode("Water");
            node.appendChild(textnode);
            document.getElementById("myList").appendChild(node);
        }
</script>
</body>
</html>
```

上述代码在 Chrome 浏览器中的运行结果如图 7-10、图 7-11 所示。

图 7-10　插入元素前运行结果

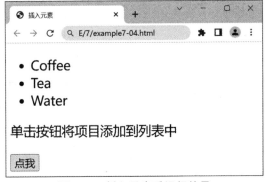

图 7-11　插入元素后运行结果

2. insertBefore()

insertBefore()方法可以在现有子结点之前插入子结点。

语法：A.insertBefore(B，ref);

说明：A 代表父元素，B 代表新子元素。ref 代表指定子元素，在这个元素之前插入新元素。

appendChild()和 insertBefore()两种方法是互补关系，appendChild 是在父元素最后一个子元素后面插入，而 insertBefore()是在父元素任意一个子元素之前插入。

【示例 7-8】　insertBefore()示例。

```
<!DOCTYPE html>
<html>
```

```
<head>
<meta charset="utf-8">
<title>插入元素</title>
</head>
<body>
    <ul id="myList"><li>Coffee</li><li>Tea</li></ul>
    <p id="demo">单击按钮插入一个项目列表</p>
    <button onclick="myFunction()">点我</button>
<script>
    function myFunction(){
      var newItem=document.createElement("li")
      var textnode=document.createTextNode("Water")
      newItem.appendChild(textnode)
      var list=document.getElementById("myList")
      list.insertBefore(newItem,list.childNodes[0]);
    }
</script>
</body>
</html>
```

上述代码在 Chrome 浏览器中的运行结果如图 7-12、图 7-13 所示。

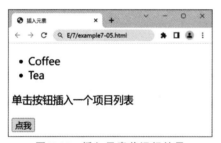

图 7-12　插入元素前运行结果

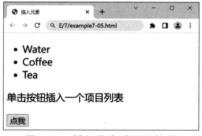

图 7-13　插入元素后运行结果

7.2.4　创建和删除元素

1. 创建元素

动态创建新的 DOM 元素，是 JavaScript 操作网页对象模型的重要手段之一，创建新元素通常有两种方法：

（1）直接修改父元素的 innerHTML 属性。

（2）使用 createElement()来创建，再用 appendChild()插入。

第一种方法较为简单，也易于理解，但需要修改整个父元素所包含的 HTML 内容；第二种方法相对较为灵活，效率较高，相对复杂一些。

【示例 7-9】　createElement()创建。

```
<!DOCTYPE html>
<html lang="en">
```

```
<head>
    <meta charset="UTF-8">
    <title>创建新元素</title>
    <script type="text/javascript">
        function createNewElements() {               //创建新元素
            var p1 = document.getElementById("p1");  //使用 innerHTML 创建新元素
            p1.innerHTML = "<h4>"拉索"发现迄今最高能量光子</h4>";
                                                     //设置 innerHTML 内容
            var span = document.createElement("span");
                                                     //使用 createElement 来创建新元素
            span.appendChild(document.createTextNode("《自然》发表的一项最新成果,
改变了人们对银河系的传统认知:位于四川稻城的高海拔宇宙线观测站'拉索'(LHAASO) 在银河系
内发现 2 个能量超过 1 拍电子伏特的光子,突破了人类对银河系粒子加速的传统认知。"));
                                                     //为新元素内容创建一个文本结点
            var p2 = document.getElementById("p2");
            p2.appendChild(span);                    //挂接
        }
    </script>
</head>
<body style="font-size: 25px;">
    <p>
        <input type="button" value="创建新元素" onclick="createNewElements()" />
    </p>
    <!--定义为新元素挂接的容器元素-->
    <p id="p1"></p>
    <p id="p2"></p>
</body>
</html>
```

上述代码在 Chrome 浏览器中的运行结果如图 7-14 所示。

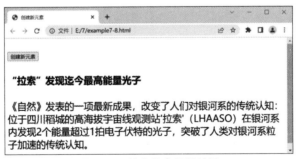

图 7-14　创建元素运行结果

2. 删除元素

可通过 removeChild()方法,删除子元素。在遍历删除结点的过程中,每删除一个子元素,子元素的个数就会少一个,直到没有任何子元素为止。

由于 removeChild()是对子元素的操作,而不是自身的删除。所以,需要先获取待删除元素的父元素,然后再调用该函数。

【示例 7-10】 removeChild()删除所有子元素。

```html
<!DOCTYPE html>
<html lang="en">
<head>
    <meta charset="UTF-8">
    <title>删除所有的子元素</title>
    <script type="text/javascript">
        function deleteChilds() {                          //删除元素的函数
            var ul = document.getElementsByTagName('ul')[0];    //获取父 DOM
            if (ul.hasChildNodes()) {                      //判断是否包含子元素
                var len = ul.childNodes.length;            //子元素的个数
                for (var i = 0; i < len; i++) {            //遍历
                    ul.removeChild(ul.childNodes[0]);      //从第一个元素开始删除
                }
            }
        }
    </script>
</head>
<body style="font-size: 25px;">
    <ul>
        <li>忆江南</li>
        <li>江南好,风景旧曾谙。</li>
        <li>日出江花红胜火,春来江水绿如蓝。</li>
        <li>能不忆江南?</li>
    </ul>
    <input type="button" value="删除所有子元素" onclick="deleteChilds()" />
</body>
</html>
```

注意: document.getElementsByTagName('ul')返回一个数组,其后的[0]表示数组的第一个元素,而代码中只有一个<ul>标签,因此指的就是该<ul>标签。

上述代码在 Chrome 浏览器中的运行结果如图 7-15、图 7-16 所示。

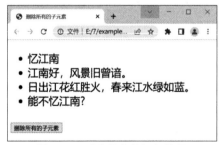

图 7-15　删除元素前运行结果

图 7-16　删除元素后运行结果

7.2.5　复制和替换元素

1. 复制元素

cloneNode( )将复制并返回调用它的结点的副本,如果传递给它的参数是 true,该方法还将递归复制当前结点的所有子孙结点,否则,只复制当前结点。

【示例 7-11】　cloneNode( )复制元素。

```html
<!DOCTYPE html>
<html>
<head>
    <meta charset="utf-8">
    <title>复制</title>
</head>
<body>
  <ul id="myList1"><li>Coffee</li><li>Tea</li></ul>
  <ul id="myList2"><li>Water</li><li>Milk</li></ul>
  <p id="demo">单击按钮将项目从一个列表复制到另一个列表</p>
  <button onclick="myFunction()">点我</button>
<script>
  function myFunction(){
    var itm=document.getElementById("myList2").lastChild;
    var cln=itm.cloneNode(true);
    document.getElementById("myList1").appendChild(cln);
}
</script>
</body>
</html>
```

上述代码在 Chrome 浏览器中的运行结果如图 7-17、图 7-18 所示。

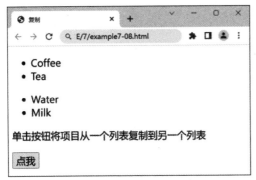

图 7-17　复制元素前运行结果

图 7-18　复制元素后运行结果

2. 替换元素

replaceChild( )方法可将某个子结点替换为另一个,即新的元素替换原来的元素,新结点可以是已存在的或者是新创建的。

语法：node.replaceChild(newnode，oldnode)；

说明：node 是替换结点的位置，newnode 是要插入的结点对象，oldnode 是要移除的结点对象。

【示例 7-12】　replaceChild()替换元素。

```
<!DOCTYPE html>
<html>
<head>
<meta charset="utf-8">
<title>替换</title>
</head>
<body>
  <ul id="myList"><li>Coffee</li><li>Tea</li><li>Milk</li></ul>
    <p id="demo">单击按钮替换列表中的第一项。</p>
    <button onclick="myFunction()">点我</button>
<script>
  function myFunction(){
      var textnode=document.createTextNode("Water");
      var item=document.getElementById("myList").childNodes[0];
      item.replaceChild(textnode,item.childNodes[0]);
}
</script>
</body>
</html>
```

上述代码在 Chrome 浏览器中的运行结果如图 7-19、图 7-20 所示。

图 7-19　替换元素前运行结果

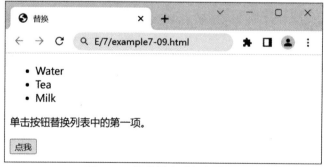

图 7-20　替换元素后运行结果

7.2.6　DOM 综合实例

【示例 7-13】　模拟简易在线客服。

```
<!DOCTYPE html>
<html lang="en">
<head>
    <meta charset="UTF-8">
    <title>在线客服</title>
    <style type="text/css">
        div:nth-child(1) {
            width: 500px;
            height: 500px;
            background-color:pink;
            margin: 30px auto;
            color: skyblue;
            box-shadow: 2px 2px 2px #808080
        }
        h1 {
            text-align: center;
            margin-bottom: -10px;
        }
        div:nth-child(2) {
            width: 400px;
            height: 400px;
            border: 4px double green;
            background-color: #efefef;
            margin: 20px auto 10px;
            overflow:auto;    //如果内容被修剪,则浏览器会显示滚动条以便查看其余的内容
            overflow: auto;
        }
        ul {
            list-style: none;
            line-height: 2em;
            padding: 15px;
        }
        table {
            width: 90%;
            height:80px;
            margin: auto;
        }
        textarea{
            border: none;
            resize: none;
            background-color: lightyellow;
        }
        button {
            width: 60px;
            height: 40px;
```

```
                background-color: seagreen;
                color: white;
                border: none;
            }
        button:hover {
                cursor: pointer;
                background-color: red;
            }
    </style>
</head>
<body>
<div>
    <h1>在线客服</h1>
    <div contenteditable="true">
        <ul>
            <li></li>
        </ul>
    </div>
    <table>
        <tr>
            <td align="right"><textarea cols="50" rows="4" name="text"
autofocus></textarea></td>
            <td align="left"><button type=button>发送</button></td>
        </tr>
    </table>
</div>
<script>
    var list = document.getElementsByTagName('ul')[0];
    var btn = document.getElementsByTagName('button')[0];
    var text = document.getElementsByName('text')[0];
                                        //获取页面元素:对话框,按钮,文本域
    var sum = 0;                        //添加一个定义,计算聊天内容的行数

    btn.onclick = function () {        //添加按钮单击事件,获取用户数据并发送到对话框中
        if (text.value.length === 0) {        //判断用户输入是否为空
            alert('您好,请问您想了解什么?');        //弹窗提示用户输入内容为空
            return false;
        }
        var userComment = text.value;    //添加定义 userComment 为用户输入的文字内容
        var li = document.createElement('li'); //添加定义 li 为在页面中添加<li>
                                                //标签
        var br = document.createElement('br'); //添加定义 br 为在页面中添加<br>
                                                //标签
        li.innerHTML = userComment;            //将用户输入内容赋予值给<li>标签内
        var userPic = '<img src="用户.jpg" width="30" style="border-radius:
50%">';                        //添加定义 userPic 设定用户在对话框中的头像显示样式
        li.innerHTML = userComment + ':' + userPic;
            //将用户输入内容赋予值给<li>标签内,并在用户输入的中文前加上用户的头像显示
        br.innerHTML = '<br>';
        text.value = '';                        //立即清空用户输入区信息
```

```
        li.style.float = 'right';        //让用户输入内容向右浮动
        list.appendChild(li);            //将用户输入内容插入对话框中
        sum += 1;                        //输入一条内容后给 sum 添加 1
        setTimeout(function () {         //设置客户自动回复功能,setTimeout()为延时输
                                         //出,括号内输入时间,单位毫秒
            var info = [                 //添加定义 info 字符串数组,内容是客服自动回复的文字
                '神舟十三号搭载的作物种子顺利出舱解密太空育种',
                '2022 年 4 月 26 日,神舟十三号载人飞船返回舱在京完成开舱。'];
            var temp = info[Math.floor(Math.random() * 2)];
                    //添加定义 temp,获取一个随机数,来确定最终输入为数组内的第几个字符串
            //取 1~5 的一个整数:Math.floor(Math.random() * 6 + 1)
            var reply = document.createElement('li');
                        //添加定义 reply 在页面中输入<li>,并将自动回复内容放在<li>内
            var kefuPic = '<img src="客服.jpg" width="30" style="border-radius:
50%;">';                 //添加定义 kefuPic 设定客服在对话框中的头像显示样式
            reply.innerHTML =   kefuPic + ':' + '<span style="color: crimson">'
+ temp + '</span>';              //将客服输入内容定义样式
            br.innerHTML = '<br>';
            reply.style.float = 'left';        //让客服输入内容向左浮动
            list.appendChild(reply);           //将客服输入内容插入对话框中
            sum += 1;                          //输入一条内容后给 sum 添加 1
        },2000);                               //设置客服回复延迟 2000 毫秒发送
        if (sum > 10) {                        //用 if 语句判断对话框内容是否大于 10 条
            list.innerHTML = '';               //返回为 true 时清空对话框内容
            sum = 0;                           //清空 sum 计数器
        }
    }
</script>
</body>
</html>
```

上述代码在 Chrome 浏览器中的运行结果如图 7-21 所示。

图 7-21 在线客服代码运行结果

◈ 7.3 习　题

一、选择题

1. 下面可用于获取文档中第一个 div 元素的是(　　　)。

    A. document.querySelector('div')

    B. document.querySelectorAll('div')

    C. document.getElementsByName('div')

    D. 以上选项都可以

2. 下列选项中,可以作为 DOM 的 style 属性操作的样式名为(　　　)。

    A. Background   B. left   C. font-size   D. textalign

3. 下列选项中,可用于实现动态改变指定 div 中内容的是(　　　)。

    A. console.log()   B. document.write()

    C. innerHTML   D. 都可以

4. 关于获取元素,以下描述正确的是(　　　)。

    A. document.getElementById()获取到的是元素集合

    B. document.getElementsByTagName()获取到的是单个元素

    C. document.querySelector()获取到的是元素集合

    D. document.getElementsByClassName()有浏览器兼容性问题

5. 以下代码用于单击一个按钮,弹出对话框。在横线处应填写的正确代码是(　　　)。

```
<button id="btn">唐伯虎</button>
<script>
    var btn = document.getElementById('btn');

    _____

</script>
```

    A. btn.onclick = function() { alert('点秋香');}

    B. btn.onclick = alert('点秋香');

    C. btn.click = function() { alert('点秋香');}

    D. btn.click()

6. 下列输出结果是 true 的是(　　　)。

    A. console.log(isNaN(123));

    B. console.log(null==undefined);

    C. console.log(null===undefined);

    D. console.log(NaN==NaN);

7. 在 HTML 页面中,下列有关 document 对象描述错误的是(　　　)。

    A. document 对象用于检查和修改 HTML 元素和文档中的文本

    B. 用于检索浏览器窗口中的 HTML 文档的信息

    C. document 对象提供客户最近访问的 URL 的列表

D. document 对象 location 属性包含当前的 URL 信息

8. JavaScript 中，表单文本框不支持的事件是(　　)。

　　A. onBlur　　　　　　B. onLostFoucused　C. onFoucus　　　　　　D. onChange

9. 在表单 form1 中有一个文本框元素 fname，用于输入电话号码，格式如：010-82668155，要求前 3 位是 010，紧接一个"-"，后面是 8 位数字。要求在提交表单时，根据上述条件验证该文本框中输入内容的有效性，下列语句中，(　　)能正确实现以上功能。

　　A. var str= form1.fname.value;
　　　　if(str.substr(0,4)!="010-" || str.substr(4).length!=8 ||
　　　　isNaN(parseFloat(str.substr(4))))
　　　　alert("无效的电话号码!");

　　B. var str= form1.fname.value;
　　　　if(str.substr(0,4)!="010-" && str.substr(4).length!=8 &&
　　　　isNaN(parseFloat(str.substr(4))))
　　　　alert("无效的电话号码!");

　　C. var str= form1.fname.value;
　　　　if(str.substr(0,3)!="010-" || str.substr(3).length!=8 ||
　　　　isNaN(parseFloat(str.substr(3))))
　　　　alert("无效的电话号码!");

　　D. var str= form1.fname.value;
　　　　if(str.substr(0,4)!="010-" && str.substr(4).length!=8 &&
　　　　!isNaN(parseFloat(str.substr(4))))
　　　　alert("无效的电话号码!");

10. 要求用 JavaScript 实现下面的功能：在一个文本框中的内容发生改变后，单击页面的其他部分将弹出一个消息框显示文本框中的内容，下面语句正确的是(　　)。

　　A. <input type="text" onClick="alert(this.value)">

　　B. <input type="text" onChange="alert(this.value)">

　　C. <input type="text" onChange="alert(text.value)">

　　D. <input type="text" onClick="alert(value)">

11. 在 HTML 页面中包含如下所示代码：<input name="password"; type="text" onkeydown="myKeyDown()">，则编写 JavaScript 函数(　　)可以判断是否按下键盘上的回车键(回车键的键盘码是 13)。

　　A. function myKeyDown(){ if (window.keyCode==13){ alert("你按下了回车键")}};

　　B. function myKeyDown(){ if (document.keyCode==13){ alert("你按下了回车键");}}

　　C. function myKeyDown(){ if (event.keyCode==13){ alert("你按下了回车键")}}

　　D. function myKeyDown(){ if (keyCode==13){ alert("你按下了回车键")}}

12. 以下能获取到所有子结点(包括文字结点)的属性是(　　)。

  A. firstElementChild   B. Children

  C. childNodes   D. attributes

13. 更改＜h1＞标签内容可以用属性(　　　)。

  A. inner   B. valueof   C. innerHTML   D. value

14. DOM 操作中创建新结点的方法是(　　　)。

  A. createTextNode()   B. appendChild()

  C. insertBefore()   D. getElementById()

15. 在 DOM 对象模型中,下列选项中的(　　　)对象是 DOM 对象中最主要的对象。

  A. history   B. document   C. button   D. text

16. 在 JavaScript 中,关于 winfow 对象描述不正确的是(　　　)。

  A. window.history 属性是指有关客户访问过的 URL 信息

  B. window.confirm()方法显示一个带有提示信息和确认按钮的警示框

  C. window.location＝"a.html"和 window.location.href＝"a.html"的作用都是读取
   并显示 a.html 内容

  D. window.reload()方法可以用来刷新当前页面

17. 向页面输出"Hello World"的正确 JavaScript 语法是(　　　)。

  A. document.write("Hello World")   B. "Hello World"

  C. response.write("Hello World")   D.（"Hello World"）

18. (　　　)可以在警告框中写入"Hello World"。

  A. alertBox＝"Hello World"   B. msgBox("Hello World")

  C. alert("Hello World")   D. alertBox("Hello World")

二、填空题

1. 事件的三要素分别是_____、_____、_____。

2. _____方法是根据 name 来获取元素。

3. 通过_____、_____、_____方式可以修改元素内容。

4. _____属性可以获取元素的所有子元素结点,它是一个可读属性。

5. DOM 根据 HTML 中各结点的不同作用,将文档中的注释单独划分为_____。

6. JavaScript 中若已知元素 name,通过_____可以获得一组元素。

7. JavaScript 中,如果已知 HTML 页面中的某标签对象的 id＝"username",用_____
方法获得该标签对象。

三、简答题

1. 分别写出创建、添加、删除、克隆、替换结点等操作方法。

2. 当一个 DOM 结点被单击时候,若希望能执行一个函数,应该怎么做?

3. 什么是 DOM?

4. 简述 DOM 结点属性。

5. 简述浏览器对象及其属性、方法。

四、编程题

请编写代码,实现根据系统时间显示问候语的功能,通过改变 div 中内容,显示不同问候语。

要求如下:6 点之前,显示问候语"凌晨好";9 点之前,显示问候语"早上好";12 点之前,显示问候语"上午好";14 点之前,显示问候语"中午好";17 点之前,显示问候语"下午好";19 点之前,显示问候语"傍晚好";22 点之前,显示问候语"晚上好";22 点之后包括 22 点,显示问候语"夜里好"。

五、简答题

1. 分析下面的 JS 代码段,输出结果是什么,并解释原因。

```
function Fn(){
return Fn
};
fn=new Fn()
console.log(fn instanceof Fn);
```

2. 实现留言板如图 7-22 所示。

图 7-22　留言板示意图

第8章

JavaScript 服务器端开发

服务器端开发，就是开发运行在服务器端的程序，为客户端提供 API 接口服务。在本章，将介绍异步编程、Node.js 以及 AJAX 三种 JavaScript 服务端开发技术。

◇ 8.1 异步编程

介绍异步编程之前，先回顾一下同步编程。同步编程是一种典型的请求-响应模型，即计算机一行一行地按顺序执行代码，当前代码执行时会阻塞后续代码的执行。但是在某些场景下，例如，读取文件内容或请求服务器接口数据，需要根据返回的数据内容执行后续操作，然而，读取文件直到数据返回这一过程需要时间，网络越差，耗费时间越长。若按同步编程方式实现，在等待数据返回这段时间内，JavaScript 不能处理其他任务，此时页面的交互、滚动等任何操作也会被阻塞。针对该问题，可使用异步编程，在等待当前任务的响应返回之前，可继续执行后续代码，即执行当前任务不会阻塞后续任务的执行。

异步编程是指不按照代码顺序执行，一个异步过程的执行将不再与原有的序列有顺序关系，执行效率更高。可以理解为异步就是从主线程发射一个子线程，来完成一些消耗时间过长以至降低用户体验的任务，例如，读取一个大文件或者发出一个网络请求。同步编程和异步编程的程序执行完成时间对比，如图 8-1 所示。

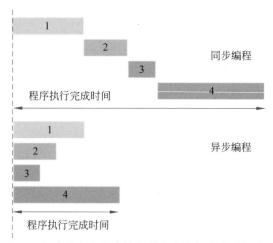

图 8-1　同步编程和异步编程的程序执行完成时间对比

在异步编程中,子线程有一个局限:子线程执行后,就会与主线程失去同步,用户无法确定它是否结束,如果结束之后需要处理一些事情,例如处理来自服务器的信息,用户无法将子线程合并到主线程中。

为解决这个问题,在 JavaScript 中,常通过回调函数、链式调用来实现异步任务的结果处理。其中,回调函数是一个被作为参数传递的函数。

```
function print() {
    document.getElementById("demo").innerHTML="Hello!";
}
setTimeout(print, 3000);
```

例如,上述代码中的 setTimeout 就是一个消耗 3 秒时间的较长过程,它的第一个参数是回调函数,第二个参数是毫秒数,这个函数执行之后会产生一个子线程,子线程会等待 3 秒,然后执行回调函数 print(),输出"Hello!"。

◆ 8.2　Node.js

Node.js 是一个基于"Chrome V8"引擎的 JavaScript 运行环境,利用 Node.js 可以使 JavaScript 在服务器端执行。此前,多在浏览器环境中使用 JavaScript 语言,而 Node.js 就是一个解析器,允许在浏览器之外使用 JavaScript,并支持搭建动态服务器,相关中文说明文档见官网。

传统的 Web 浏览器与服务器间采用同步交互的技术,用户表单完整地发送到服务器端,进行处理后再返回一个新页面到浏览器。在此过程中,可能因为网速延迟而导致浏览器有一定的等待时间,影响用户体验。而 Node.js 通常被用来开发低延迟的网络应用,也就是需要在前端和服务器端实时收集和交换数据的应用,例如即时聊天、微服务等。

8.2.1　Node.js 安装

用户可根据不同平台系统选择需要的 Node.js 安装包。

现以 64-bit 的 Windows 安装程序(.msi)说明其安装步骤。

(1) 进入下载地址,下载安装包,如图 8-2 所示。

图 8-2　Node.js 下载界面

（2）双击下载后的安装包，依次单击"Next"，并勾选接受协议选项，如图 8-3 所示。

图 8-3　安装过程

（3）单击"Install"安装完成之后，单击"Finish"按钮，结束安装，如图 8-4 所示。

图 8-4　安装结束

（4）进入 CMD 控制台界面，输入"node"关键字，若显示"Welcome to Node.js v18.16.0."，表明安装成功，如图 8-5 所示。

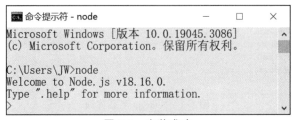

图 8-5　安装成功

8.2.2　Node.js 文件系统

相较于 JavaScript，Node.js 提供一组类似 UNIX(POSIX)标准的文件操作 API。
导入文件系统模块语法如下所示：

```
var fs = require("fs")
```

Node.js 文件系统模块中的方法均有异步和同步版本，例如，读取文件内容的函数有异步的 fs.readFile()方法和同步的 fs.readFileSync()方法。

异步方法的最后一个参数为回调函数，回调函数的第一个参数包含了错误信息。一般建议使用异步方法，相比同步方法，异步方法性能更强，速度更快，且没有阻塞。

例如，异步读取文件并输出内容的代码如下所示。

```
var fs = require("fs");
//异步读取
fs.readFile('test.txt', function (err, data) {
  if (err) {
      return console.error(err);
  }
  console.log("异步读取: " + data.toString());
});
```

Node.js 文件系统常用 API 如下所示。

（1）文件打开。

```
fs.open(path, flags[, mode], callback)
```

open()方法中，path 是文件的路径；flags 是文件打开的行为，具体值如表 8-1 所示；mode 设置文件模式或者权限，文件创建默认权限为 0666(可读，可写)；callback 回调函数，默认参数第一个是 err，第二个是一个整数，表示打开文件返回的文件描述符；window 中又称文件句柄。

flags 参数如表 8-1 所示。

表 8-1　flags 参数

基 本 语 法	描　　　述
r	以读取模式打开文件，如果文件不存在抛出异常
r+	以读写模式打开文件，如果文件不存在抛出异常
rs	以同步的方式读取文件
rs+	以同步的方式读取和写入文件
w	以写入模式打开文件，如果文件不存在则创建
wx	类似"w"，但是如果文件路径存在，则文件写入失败
w+	以读写模式打开文件，如果文件不存在则创建

基 本 语 法	描　述
wx＋	类似"w＋"，但是如果文件路径存在，则文件读写失败
a	以追加模式打开文件，如果文件不存在则创建

【示例 8-1】 文件打开。

```
var fs = require("fs");
console.log("准备打开文件!");                        //异步打开文件

fs.open('test.txt', 'r+', function(err, fd) {        //这里 fd 是文件描述符
  if (err) {
      return console.error(err);
  }
  console.log("文件打开成功!");
});
```

（2）写入文件。

```
fs.writeFile(file, data[, options], callback)
```

writeFile()方法直接打开文件默认是"w"模式，所以如果文件存在，该方法写入的内容会覆盖旧的文件内容。该方法中，file 是文件名或文件描述符；data 是要写入文件的数据，可以是字符串或 Buffer 缓冲对象；options 参数是一个对象，包含｛encoding，mode，flag｝，默认编码为 UTF-8，模式为 O666，flag 为"w"；callback 回调函数只包含错误信息参数 err，在写入失败时返回。

【示例 8-2】 文件写入。

```
var fs = require("fs");                              //异步读取
console.log("准备写入文件");
fs.writeFile('test.txt', '通过 fs.writeFile 写入文件的内容', function(err) {
  if (err) {
      return console.error(err);
  }
  console.log("数据写入成功!");
  console.log("--------分割线------------")
  console.log("读取写入的数据!");
  fs.readFile('test.txt', function (err, data) {
    if (err) {
        return console.error(err);
    }
    console.log("异步读取文件数据: " + data.toString());
  });
});
```

（3）文件关闭。

```
fs.close(fd, callback)
```

该方法使用了文件描述符来读取文件，参数 fd 是通过 fs.open()方法返回的文件描述符，callback 是回调函数，没有参数。

【示例 8-3】　文件关闭。

```
var fs = require("fs");                                    //异步读取
var buf = new Buffer.alloc(1024);
console.log("准备打开文件!");
fs.open(test.txt', 'r+', function(err, fd) {
    if (err) {
        return console.error(err);
    }
    console.log("文件打开成功!");
    console.log("准备读取文件!");
    fs.read(fd, buf, 0, buf.length, 0, function(err, bytes){
        if (err){
            console.log(err);
        }
        if(bytes > 0){                                    //仅输出读取到的字节内容
            console.log(buf.slice(0, bytes).toString());
        }
        fs.close(fd, function(err){                        //关闭文件
            if (err){
                console.log(err);
            }
            console.log("文件关闭成功");
        });
    });
});
```

文件系统模块常用方法如表 8-2 所示。

表 8-2　文件系统模块常用方法

基 本 语 法	描　　述
fs.close(fd,callback)	异步 close()，回调函数没有参数
fs.closeSync(fd)	同步 close()
fs.open(path,flags[,mode],callback)	异步打开文件
fs.openSync(path,flags[,mode])	同步版 fs.open()
fs.write(fd,buffer,offset,length[,position],callback)	将缓冲区内容写入到 fd 指定的文件
fs.write(fd,data[,position[,encoding]],callback)	通过文件描述符 fd 写入文件内容
fs.writeSync(fd,buffer,offset,length[,position])	同步版的 fs.write()
fs.writeSync(fd,data[,position[,encoding]])	同步版的 fs.write()

基 本 语 法	描　　述
fs.read(fd,buffer,offset,length,position,callback)	通过文件描述符 fd 读取文件内容
fs.readSync(fd,buffer,offset,length,position)	同步版的 fs.read()
fs.readFile(filename[,options],callback)	异步读取文件内容
fs.readFileSync(filename[,options])	同步读取文件内容
fs.writeFile(filename,data[,options],callback)	异步写入文件内容
fs.writeFileSync(filename,data[,options])	同步版的 fs.writeFile()
fs.appendFile(filename,data[,options],callback)	异步追加文件内容

8.2.3　Node.js GET/POST 请求

HTTP 是超文本传输协议,是一个基于请求与响应、无状态的、应用层的协议。例如,浏览器客户端向服务器提交 HTTP 请求,服务器收到请求后,向客户端返回响应,包括请求的状态信息以及被请求的内容。

客户端与服务器之间进行请求-响应时,有两种最常用到的请求方式：GET 和 POST。在此过程中,HTML 表单<form>搜集不同类型的用户输入,且必须指定以下两个属性：

(1) method 属性设置表单的提交方式,默认为 GET。

(2) action 属性设置表单的提交 URL,如果不写或者保持空字符串,那么将使用当前网页的 URL。

1. GET 请求

GET 请求的本质是发送一个请求来取得服务器上的某一资源,语法如下所示。

```
http.get(options[, callback])
http.get(url[, options][, callback])
```

(1) 参数 url 为<String>或者<URL>对象；

(2) 可选参数 options 为<Object>,主要包括：要向其发出请求的服务器的域名或 IP 地址 host <String>,默认为“localhost”；远程服务器的端口 port <Number>,默认为 80；HTTP 请求方法 method,默认为 GET。

(3) 可选参数 callback 为<Function>。

【示例 8-4】　GET 请求。

```
//引入 http 模块
const http=require('http');
//引入 https 模块
const https=require('https');
//发送一个 GET 请求
https.get("https://www.gushiwen.cn/",res=>{
```

```
//将返回数据 data 转换为 UFT-8 编码,在控制台输出
res.on("data",data=>console.log(data.toString("utf8")));
})
```

在 CMD 窗口,输入 node example8-04get.js,运行结果如图 8-6 所示。

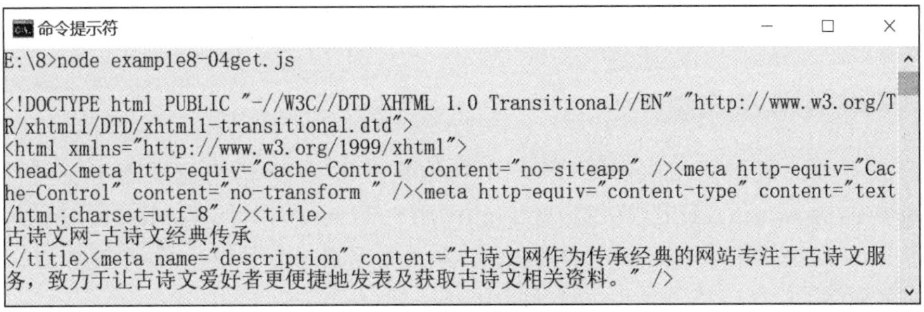

```
E:\8>node example8-04get.js
<!DOCTYPE html PUBLIC "-//W3C//DTD XHTML 1.0 Transitional//EN" "http://www.w3.org/T
R/xhtml1/DTD/xhtml1-transitional.dtd">
<html xmlns="http://www.w3.org/1999/xhtml">
<head><meta http-equiv="Cache-Control" content="no-siteapp" /><meta http-equiv="Cac
he-Control" content="no-transform " /><meta http-equiv="content-type" content="text
/html;charset=utf-8" /><title>
古诗文网-古诗文经典传承
</title><meta name="description" content="古诗文网作为传承经典的网站专注于古诗文服
务, 致力于让古诗文爱好者更便捷地发表及获取古诗文相关资料。" />
```

图 8-6　get 请求运行结果

2. POST 请求

POST 请求类似于一封信,将参数放在信封里传输,请求的参数大多数都在请求体中,其本质是向服务器传送数据,语法如下所示。

```
http.request(options[, callback])
http.request(url[, options][, callback])
```

(1) 参数 options 为<Object>,与 GET 请求中的 options 相同;

(2) 可选参数 callback 为<Function>;

(3) 返回类型为<http.ClientRequest>。

【示例 8-5】　POST 请求。

```
const http = require('http');                       //引入 http 模块
const options = {                                   //定义常量 options
    protocol: 'http:',                              //请求的协议
    hostname: 'baidu.com',                          //请求的地址
    port: 80,                                       //端口
    path: '/',                                      //请求路径
    method: 'POST',                                 //POST 请求
};
let request = http.request(options, res => {
                            //通过 http.request()发送一个 POST 请求
    res.on("data", data => console.log(data.toString("utf8")));
                            //将返回数据 data 转换为 UFT-8 编码,在控制台输出
});
request.end();              //发送请求
```

在 CMD 窗口,输入 node example8-05post.js,运行结果如图 8-7 所示。

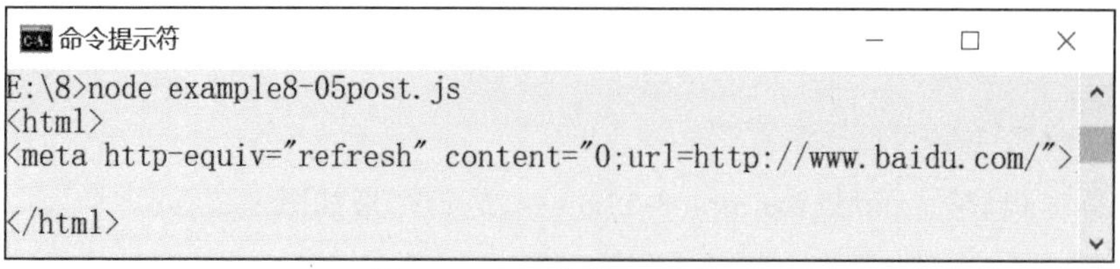

命令提示符 — □ ×

```
E:\8>node example8-05post.js
<html>
<meta http-equiv="refresh" content="0;url=http://www.baidu.com/">

</html>
```

图 8-7　post 请求运行结果

8.2.4　Node.js Web 模块

Web 服务器一般指网站服务器,其基本功能是提供 Web 信息浏览服务。目前主流的 Web 服务器包括 Apache、HTTP Server、Nginx、IIS、Tomcat 以及 WebLogic 等。

通过 http 模块,可以用 Node.js 搭建一个 Web 服务器,使用 http 模块创建 Web 服务器 的流程如下所示。

(1) 导入 http 模块。

(2) 调用 http.createServer()方法创建 Web 服务器对象实例。

(3) 调用服务器实例的.on()方法,为服务器注册一个 request 事件,以监听客户端的 请求。

(4) 调用 server.listen(端口号,回调函数),启动 Web 服务器。

Node.js 中 http 模块主要用于搭建 HTTP 服务端和客户端,如果要使用 HTTP 服务器 或客户端功能,则需通过 require('http')引入 http 模块。

示例 8-6 是一个最基本的 HTTP 服务器架构,使用 8081 端口监听客户端的请求,并向 请求的客户端发送相应的响应内容。

【示例 8-6】　Web 服务器。

```
/*
* @Author:WJ
* @Date:2024
*/
const http = require('http');              //引入 http 模块
const server = http.createServer();        //创建一个 http 的服务器端对象
server.on("request", (req, res) => {       //监听客户端的请求数据和发送的相应报文
    //req 是请求对象,它包含了与客户端相关的数据和属性,例如,req.url 是客户端请求的
    //URL 地址
    console.log(req.headers);              //在控制台打印请求头
    console.log(req.url);
    console.log(req.method);               //在控制台打印请求方法,get or post
    //res 是服务器响应对象,它包含了与服务器相关的数据和属性,例如:
    //向客户端发送中文内容的时候,会出现乱码,需要手动设置内容的编码格式
    res.setHeader('Content-Type', 'text/html; charset=utf-8');
    res.write("hello,欢迎来到 Node.js 的世界!");      //向请求的客户端发送响应内容
    res.end(); //通过 res.end()方法,向客户端发送指定的内容,并结束这次请求的处理过程
});
server.listen(8081, () => {                      //服务器端对象开始监听 80 端口
    console.log("服务器端开始监听端口:8081,可以开始访问:http://localhost:8081");
});
```

在 CMD 窗口,输入 node example8-06Web.js,控制台运行结果如图 8-8 所示。

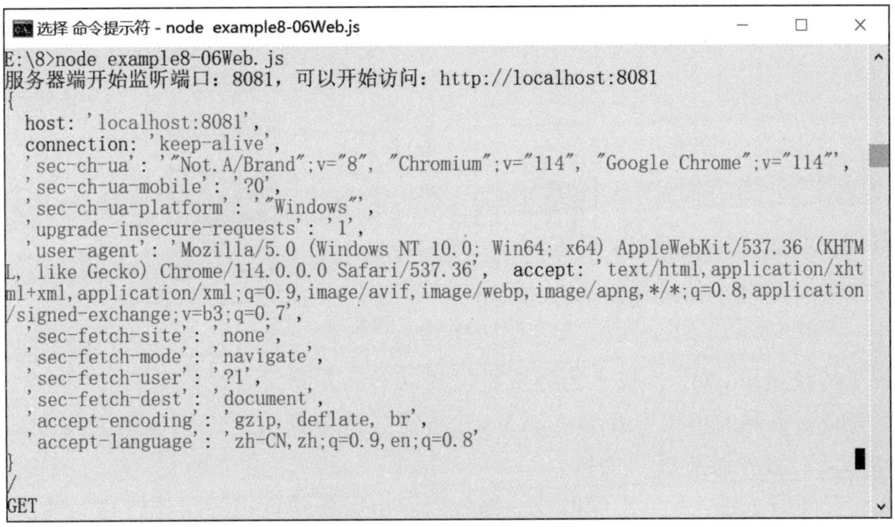

图 8-8　Web 服务器运行结果

接着,在 Chrome 浏览器中访问地址:http://localhost:8081,运行结果如图 8-9 所示。

图 8-9　浏览器运行结果

8.3　AJAX

AJAX 并不是一门新的语言或技术,而是由 JavaScript、XML、DOM、CSS 等多种已有技术组合而成的一种浏览器端技术,用于实现与服务器进行异步交互的功能,在不重载页面的情况下以异步的方式进行数据传输,即无刷新获取数据。

8.3.1　AJAX 简介

AJAX 的核心是 JavaScript 对象 XMLHttpRequest,该对象让用户可以使用 JavaScript 向服务器提出请求并处理响应,而不阻塞用户。1995 年,Internet Explorer 5 中首次引入该对象,其后,在 Google 等公司的大力推动和实践下,AJAX 异步通信快速发展。

AJAX 工作流程如图 8-10 所示,主要包括发送请求、接收响应以及页面刷新。

(1)发送请求:当用户在页面上进行操作时,例如单击按钮或输入文本,JavaScript 代码会通过 XMLHttpRequest 对象向服务器发送请求,该请求可以是 GET 或者 POST 方式。

(2)接收响应:服务器接收到请求后,会根据请求的参数和方法,处理请求并返回响应。响应可以是 HTML、XML、JSON 等格式的数据,它包含了服务器处理后的结果。

（3）页面刷新：JavaScript 代码会根据响应的数据，更新页面的内容，该过程可以是添加、删除或者修改页面元素，以实现页面的动态效果。

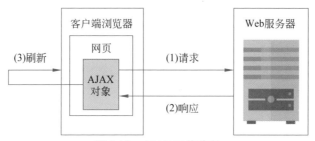

图 8-10　AJAX 工作流程

相较于传统网页，AJAX 技术优势主要包括以下三方面。

（1）减轻服务器的负担：由于 AJAX 是"按需获取数据"，所以可以最大限度地减少冗余请求和降低对服务器造成的负担。

（2）节省网络宽带：AJAX 可以把一部分以前由服务器负担的工作转移到客户端完成，从而减轻服务器和宽带的负担，节约空间和节省宽带租用成本。

（3）提升用户体验：AJAX 实现了无刷新更新网页，在不需要重新载入整个页面的情况下，通过 DOM 操作及时地将更新内容显示在页面中。

8.3.2　AJAX 异步调用

实现一个 AJAX 异步调用，通常需要以下六个步骤。

（1）创建 XMLHttpRequest 请求对象，即创建一个异步调用对象。

（2）调用 open() 方法创建一个 HTTP 请求。

（3）调用 send() 方法发送 HTTP 请求。

（4）注册 onreadystatechange 事件，监听请求状态的变化。

（5）判断状态码是否成功。

（6）读取响应数据，使用 JavaScript 和 DOM 实现局部刷新。

1. 创建 AJAX 对象

XMLHttpRequest 对象可简称为 XHR，IE7＋、FireFox、Opera、Chrome 和 Safari 浏览器都支持原生的 XHR 对象，创建 XHR 对象代码如下：

```
const xhr = new XMLHttpRequest();
```

2. 调用 open 和 send 方法创建和发送 HTTP 请求

若须将请求发送到服务器，可使用 XMLHttpRequest 对象的 open() 和 send() 方法，详情如表 8-3 所示。

表 8-3　**open 和 send 方法**

方　　法	描　　述
open(method,url,async)	规定请求的类型、URL 以及是否异步处理请求
	method：请求的类型，GET 或 POST
	url：文件在服务器上的位置
	async：true(异步，默认)或 false(同步)
send(string)	将请求发送到服务器
	string：仅用于 POST 请求

初始化设置请求方法为 GET，URL 为"http://127.0.0.1:8081/server"，请求参数为"name=zs&psw=123"，代码如下：

```
xhr.open('GET', 'http://127.0.0.1:8081/server? name=zs&psw=123');
xhr.send();
```

若请求方法为 POST，必须使用 setRequestHeader()来添加 HTTP 请求头，然后在send()方法中规定希望发送的数据，例如：

```
xhr.open('POST', 'http://127.0.0.1:8081/server');
xhr.setRequestHeader('Content-Type','application/x-www-form-urlencoded');
xhr.send('name=zs&psw=123');
```

Content-Type 有 application/x-www-form-urlencoded 和 multipart/form-data 两种常用编码，默认为 application/x-www-form-urlencoded。若<form>表单中没有 type="file"控件，用默认编码即可。但是，如果表单中有 type="file"控件，则须用 multipart/form-data编码。

3. 注册 onreadystatechange 事件，监听请求状态的变化

当发送一个请求之后，客户端需要确定这个请求什么时候会完成，因此，XMLHttpRequest对象提供了 onreadystatechange 事件机制来捕获请求的状态，继而处理响应。

XMLHttpRequest 对象有三个重要的属性，详情如表 8-4 所示。

表 8-4　**XMLHttpRequest 对象属性**

属　　性	描　　述
onreadystatechange	存储函数，每当 readyState 属性改变时，就会调用该函数
readyState	存有 XMLHttpRequest 的状态，从 0 到 4 发生变化
	0：请求未初始化
	1：服务器连接已建立
	2：请求已接收

续表

属　性	描　述
readyState	3：请求处理中
	4：请求已完成,且响应已就绪
status	200："OK",403：服务器拒绝请求,404：未找到页面

当请求被发送到服务器,每当 readyState 改变时,就会触发 onreadystatechange 事件, 此时,可以根据响应状态码的不同,执行相应的任务。

```
xhr.onreadystatechange = function () {
    //判断,如果服务端返回了所有的结果,则为真
    if (xhr.readyState === 4) {
            //判断响应状态码,若大于或等于 200,小于 300,则为真
            if (xhr.status >= 200 && xhr.status < 300) {
                console.log(xhr.statusText);    //输出状态字符串
                console.log(xhr.response);      //输出响应体
            }
    }
}
```

上述代码中,如果请求已完成,且服务器成功响应,则在控制台输出状态字符串和响应体信息。

【示例 8-7】 AJAX GET 请求。

（1）HTML 页面代码。

```
<!DOCTYPE html>
<head>
    <meta charset="UTF-8">
    <title>AJAX GET 请求</title>
    <style>
        #result{
            width:250px;
            height:50px;
            border:solid 1px #90b;
        }
    </style>
</head>
<body>
    <input type="button" id="myButton" value="发送请求">
    <div id="result"></div>
    <script>
        const btn = document.querySelector("#myButton");   //获取 button 元素
        const result = document.getElementById("result");
        btn.onclick = function(){                    //注册单击事件
            const xhr = new XMLHttpRequest();    //1.创建 XMLHttpRequest 请求对象
```

```
                    xhr.open('GET', 'http://localhost:8081/server');
                                                //2.初始化,设置请求方法和 url
            xhr.send();                         //3.发送
            xhr.onreadystatechange = function(){
                        //4.注册 onreadystatechange 事件,处理服务端返回的结果
                if(xhr.readyState === 4){
                            //5.判断状态码,如果服务端返回了所有的结果,则为真
                    if(xhr.status >= 200 && xhr.status < 300){
                                //判断响应状态码,若大于或等于 200,小于 300,则为真
                        console.log(xhr.status);               //状态码
                        console.log(xhr.statusText);           //状态字符串
                        console.log(xhr.getAllResponseHeaders());  //所有响应头
                        console.log(xhr.response);             //响应体
                        result.innerHTML = xhr.response;
                                    //6.局部刷新,在<div>标签中,显示返回的文本
                    }else{
                        result.innerHTML = "Exception!";
                    }
                }
            }
    </script>
</body>
</html>
```

上述代码在 Chrome 浏览器中的运行结果如图 8-11 所示。

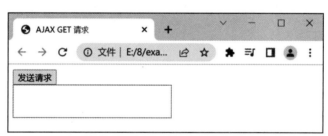

图 8-11　HTML 页面运行结果

（2）JavaScript 服务器端代码。

```
/*
* @Author:WJ
* @Date:2024
*/
const http = require('http');                //引入 http 模块
var url = require('url');
const server = http.createServer();          //创建一个 http 的服务器端对象
server.on("request", (req, res) => {         //监听客户端的请求数据和发送的相应报文
    var pathname = url.parse(req.url).pathname;  //解析请求 URL 中的 pathname
    console.log(pathname);
    res.setHeader('Content-Type', 'text/html; charset=utf-8');
                //向客户端发送中文内容的时候,会出现乱码,需要手动设置内容的编码格式
```

```
        res.setHeader('Access-Control-Allow-Origin', '*');
                                               //设置响应头,设置允许跨域
        if (pathname == "/server") {
            res.write("hello,欢迎来到 Ajax 的世界!");  //向请求的客户端发送响应内容
        } else {
            res.write("error!");                    //向请求的客户端发送响应内容
        }
        res.end(); //通过 res.end()方法,向客户端发送指定的内容,并结束这次请求的处理过程
});
server.listen(8081, () => {                         //服务器端对象开始监听 80 端口
    console.log("服务器端开始监听端口:8081,可以开始访问:http://localhost:8081");
});
```

在 CMD 窗口,输入"node example8-07Server.js",启动服务器端程序,然后,在 HTML 页面单击"发送请求"按钮,触发 AJAX 异步调用,并在<div>中局部刷新,更新之后的页面如图 8-12 所示。

图 8-12　局部刷新后运行结果

【示例 8-8】　AJAX POST 请求。

（1）HTML 页面代码。

```
<!DOCTYPE html>
<head>
    <meta charset="UTF-8">
    <title>AJAX POST 请求</title>
    <style>
        #result {
            width: 250px;
            height: 50px;
            border: solid 1px #90b;
        }
    </style>
</head>
<body>
    将鼠标移动到矩形框上,会发生什么?<div id="result"></div>
    <script>
        const result = document.getElementById("result");   //获取<div>元素对象
        result.addEventListener("mouseover", function () {  //注册鼠标悬停事件
            const xhr = new XMLHttpRequest();    //1.创建 XMLHttpRequest 请求对象
```

```
            xhr.open('POST', 'http://localhost:8081/server');
                                          //2. 初始化,设置请求方法和 url
            xhr.setRequestHeader('Content-Type', 'application/x-www-form-
urlencoded');                                //设置请求头
            xhr.send('name=zs&psw=123');          //3. 发送
            xhr.onreadystatechange = function () {
                        //4. 注册 onreadystatechange 事件,处理服务端返回的结果
                if (xhr.readyState === 4) {
                            //5. 判断响应状态码,若大于或等于 200,小于 300,则为真
                    if (xhr.status >= 200 && xhr.status < 300) {
                        result.innerHTML = xhr.response;
                                        //6. 局部刷新,在<div>标签中,显示返回的文本
                    } else {
                        result.innerHTML = "Exception!";
                    }
                }
            }
        });
    </script>
</body>
</html>
```

上述代码在 Chrome 浏览器中的运行结果如图 8-13 所示。

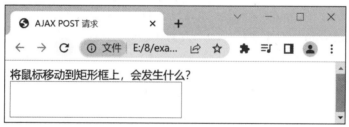

图 8-13　HTML 页面运行结果

（2）JavaScript 服务器端代码。

服务器端代码同示例 8-7,在 CMD 窗口,输入"node example8-07Server.js",启动服务器端程序,然后,在 HTML 页面的矩形框上悬停鼠标,触发 AJAX 异步调用,并在<div>中局部刷新,更新之后的页面如图 8-14 所示。

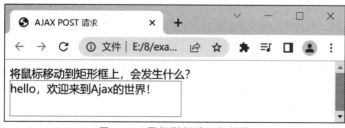

图 8-14　局部刷新后运行结果

◇ 8.4 习　　题

一、选择题

1. AJAX 术语是由（　　）公司或组织最先提出的。
   A. Google　　　　　　　　　　　　B. IBM
   C. Adaptive Path　　　　　　　　　D. Dojo Foundation

2. 以下技术中（　　）不是 AJAX 技术体系的组成部分。
   A. XMLHttpRequest　　　　　　　　B. DHTML
   C. CSS　　　　　　　　　　　　　　D. DOM

3. 下面关于 setRequestHeader() 方法描述正确的是（　　）。
   A. 用于发送请求的实体内容
   B. 用于单独指定请求的某个 HTTP 头
   C. 此方法必须在请求类型为 POST 时使用
   D. 此方法必须在 open() 之前调用

4. 阅读如下代码，输出结果为"李白"的选项为（　　）。

```
var data = [{"name": "李白", "age" : 5}, ("name": "杜甫", "age" : 6}];
```

   A. alert(data[0].name);　　　　　　B. alert(data.0.name);
   C. alert(data[0]['name']);　　　　　D. alert(data.0.['name']);

5. XMLHttpRequest 对象有（　　）个返回状态值。
   A. 3　　　　　　B. 4　　　　　　C. 5　　　　　　D. 6

6. XMLHttpRequest 对象的 readyState 属性值为（　　）时，代表请求成功，数据接收完毕。
   A. 0　　　　　　B. 1　　　　　　C. 2　　　　　　D. 4

7. XMLHttpRequest 对象的 status 属性，表示当前请求的 HTTP 状态码，其中（　　）表示正确返回。
   A. 200　　　　　B. 300　　　　　C. 500　　　　　D. 404

8. AJAX 是指异步的（　　）。
   A. JavaScript 和 XML　　　　　　　B. Java 和 XML
   C. Html 和 XML　　　　　　　　　　D. JavaScript 和 Html

9. 创建完 XMLHttpRequest 对象后，可用（　　）初始化一个请求。
   A. send()　　　　B. sent()　　　　C. open()　　　　D. alert()

10. 创建完 XMLHttpRequest 对象后，可用（　　）发送一个请求。
    A. send()　　　　B. sent()　　　　C. open()　　　　D. alert()

11. 下列对于同步和异步描述正确的是（　　）。
    A. AJAX 程序一般都发送同步请求
    B. 在调用 open 方法时，可使用第三个参数来设置该请求为同步还是异步

C. true 为同步请求,false 为异步请求

D. open 方法的第三个参数是可选参数,默认为 true 同步请求

12. 下列关于 POST 和 GET 请求的区别,描述正确的是(　　)。

 A. 调用 open 方法时,可以使用参数 method 设置请求的方式

 B. 使用 POST 请求时,可能会产生缓存问题

 C. 使用 GET 请求时应该将参数拼接成字符串,然后传递到 send 方法中

 D. 不论 GET 或者 POST 请求,都需要调用 setRequestHeader 重设头信息

13. 下列关于 AJAX 请求缓存描述正确的是(　　)。

 A. 在实际应用中缓存并没有什么太大作用

 B. AJAX 请求都会产生缓存问题

 C. 前端解决缓存问题就是在 open 方法中为请求地址增加一个随机数后缀

 D. 后端是无法解决缓存问题的

14. 在客户端,可以通过 AJAX 来向服务器发送 POST 请求,如果发送的是 POST 请求,必须设置请求头,请问设置请求头的代码可以是(　　)。

 A. varxhr＝XMLHttpRequest();xhr.setRequestHeader("Content-type",
  "application/x-www-form-urlencoded");

 B. varxhr＝XMLHttpRequest();xhr.setRequestHeader("Content-type:
  application/x-www-form-urlencoded");

 C. varxhr＝XMLHttpRequest();xhr.setRequestHeader("Content-type",
  "application/form-data");

 D. varxhr＝XMLHttpRequest();xhr.setRequestHeader("Content-type",
  "application/form-payload");

15. 在客户端,可以通过 AJAX 来向服务器发送 POST 请求,如果需要向服务器发送 POST 请求的请求体,应该输入(　　)。

 A. var xhr ＝ new XMLHttpRequest();xhr. open ("post","/xxx? username ＝
  jack")

 B. var xhr＝new XMLHttpRequest();xhr.open("post","/xxx");xhr.send
  ("username＝jack")

 C. var xhr＝ new XMLHttpRequest();xhr.open("post","/xxx.php");xhr.send
  (null)

 D. var xhr＝new XMLHttpRequest();xhr.send("post","/xxx?username＝jack")

二、填空题

1. JavaScript 可以在服务器端执行,可以利用_____使 JavaScript 在服务器端执行。

2. status 属性用于返回当前请求的_____,值为_____。

3. 在使用 AJAX 之前,首先需要通过_____构造函数创建 AJAX 对象。

4. _____一般指网站服务器,是指驻留于因特网上某种类型计算机的程序,Web 服务器的基本功能就是提供 Web 信息浏览服务。它只需支持_____协议,与客户端的网络浏览器配合。

5. 在进行 AJAX 开发时,经常使用 GET 方式或 POST 方式发送请求。其中,_____ 适合从服务器获取数据,_____适合向服务器发送数据。

三、简答题

1. Node.js 是如何工作的?
2. Node.js 比其他流行的框架好在哪里?
3. Node.js 如何克服 I/O 操作阻塞的问题?
4. 简述创建 AJAX 的过程。
5. 简述同步和异步的区别。
6. 请简述使用 GET 请求并获取服务器端返回的文本信息的过程。

Web 前端开发框架

随着前端技术的不断发展,前端开发能够处理的业务越来越多,网页也变得越来越强大和动态化,这些进步都离不开 JavaScript。开发过程中,开发者把很多服务端的代码放到了浏览器中执行,这就产生了成千上万行的 JavaScript 代码,它们连接着各式各样的 HTML 和 CSS 文件,但是缺乏正规的组织形式,项目的维护性和扩展性不足。

目前市场上,三大前端主流框架分别是 Vue.js、React 和 Angular,上述框架通过组件化开发,让 Web 前端代码实现"高内聚,低耦合",极大增强了代码的复用性,提高了项目的开发效率。

◆ 9.1 Vue.js 框架

9.1.1 Vue.js 简介

Vue.js 简称 Vue,是一款用于构建用户界面的 JavaScript 框架,在 2014 年由尤雨溪作为其个人项目创建,严格遵守 SoC 关注点分离原则。它基于标准HTML、CSS 和 JavaScript 构建,并提供了一套声明式的、组件化的编程模型,帮助用户高效地开发用户界面,具有易用、灵活和高效的优势。

1. 渐进式框架

Vue 是一个渐进式框架,被设计为自底向上逐层应用,其功能覆盖了大部分前端开发常见的需求。但 Web 世界是多样的,不同的开发者在 Web 上构建的内容,可能在形式和规模上会有很大的不同。考虑到这一点,Vue 的设计非常注重灵活性和"可以被逐步集成"这个特点。

根据用户的需求场景,可以用不同的方式使用 Vue,包括:

(1) 无需构建步骤,渐进式增强静态的 HTML。

(2) 在任何页面中作为 Web Components 嵌入。

(3) 单页应用(SPA)。

(4) 全栈/服务端渲染(SSR)。

(5) Jamstack/静态站点生成(SSG)。

(6) 开发桌面端、移动端、WebGL,甚至是命令行终端中的界面。

2. 践行 MVVM 模式

在传统 MVC 模式中,模型(Model)和视图(View)必须通过控制器(Controller)来承上启下,层级之间单向通信,前端重度依赖开发环境,面临开发效率低、前后端职责不清的不足。

在 MVC 的改进版 MVVM(Model-View-View-Model)模式中,视图模型(View Model)通过数据绑定收集依赖和通过 DOM 事件监听更新依赖,充当了模型和视图之间的桥梁,从而实现了层级之间的双向通信,如图 9-1 所示。

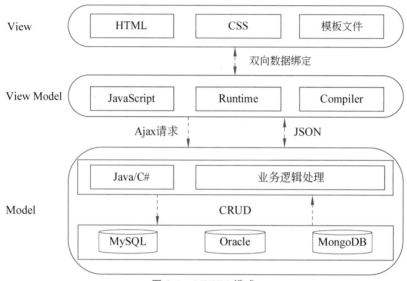

图 9-1　MVVM 模式

在 MVVM 模式中,不允许 Model 和 View 直接通信,只能通过 View Model 来通信,View Model 充当了观察者的角色。当用户操作 View,View Model 感知到变化时,通知 Model 发生相应改变;反之,当 Model 发生改变,View Model 也能感知到变化,触发 View 做出相应更新,此过程称为双向数据绑定。

Vue 是 MVVM 模式的最佳实践,专注于 MVVM 中的 View Model,解除了 View 和 Model 之间的紧耦合,不仅做到了数据双向绑定,而且是一款相对轻量级的 JS 库。

在 MVVM 模式下,无需再使用 JavaScript 代码动态操作 DOM 结点,而是直接操作数据。数据变化、界面自动更新、代码结构清晰、系统性能更好,使得项目开发更高效,开发者可以专注业务逻辑,便于项目后期升级和维护。

9.1.2　Vue.js 安装

1. 在页面上以内容分发网络(Content Delivery Network,CDN)的形式导入

可借助＜script＞标签直接通过 CDN 来使用 Vue:

```
<script src="https://unpkg.com/vue@3/dist/vue.global.js"></script>
```

通过 CDN 使用 Vue 时,不涉及"构建步骤",这使得设置更加简单,并且可以用于增强静态的 HTML 或与后端框架集成。

2. 使用 npm 安装

安装 npm 之前须确保安装了最新版本的 Node.js,因为 npm 包管理器集成在 Node.js 中,安装完 Node.js,直接输入 npm -v 命令,可显示 npm 的版本信息,如图 9-2 所示。

图 9-2　npm 版本信息

通过 npm 可以很方便地安装、共享、分发代码,管理项目依赖关系。通过运行"npm install＋包名",几乎可以安装任何包/库。若当前工作目录是预创建项目的目录,可在命令行中运行以下命令:

```
npm init vue@latest
```

这一指令将会安装并执行 create-vue,它是 Vue 官方的项目脚手架工具,该工具会预先定义好项目的目录结构及基础代码。运行命令时,将会看到一些诸如 TypeScript 和测试支持之类的可选功能提示,如图 9-3 所示。

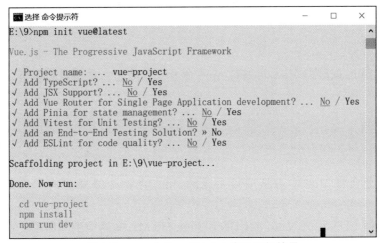

图 9-3　npm init vue@latest 代码运行结果

如果不确定是否要开启某个功能,可以直接按下回车键选择 No。在项目被创建后,通过以下步骤安装依赖并启动开发服务器,安装结果如图 9-4 所示。

```
cd <your-project-name>
npm install
npm run dev
```

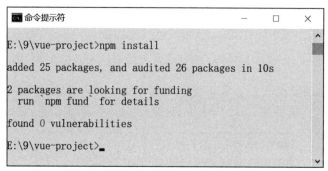

图 9-4　npm install 代码运行结果

若出现图 9-5 所示内容,表明已顺利运行起了 Vue 项目,可以在浏览器中访问 http://localhost：5173 查看。

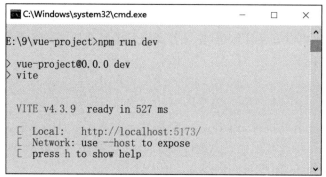

图 9-5　npm run dev 代码运行结果

3. Vue 删除

如果是用 npm 安装的 Vue,可通过 npm 命令来删除它。在项目目录下,运行以下两条命令:

```
npm uninstall vue
npm uninstall vue-loader vue-template-compiler
```

第一条命令会将 Vue 本身从项目中删除,第二条命令是删除有关 Vue 构建的所有依赖。

如果是通过 CDN 引入 Vue,将 CDN 引用从 HTML 文件中删除即可。

9.1.3　Vue 常用指令

Vue 包括很多指令,涉及元素更新、列表渲染、事件处理以及表单输入绑定等功能,常用指令如下。

1. v-text

v-text 主要用来更新文本内容,通过设置元素的 textContent 属性来工作,它将覆盖元素中所有现有的内容。

2．v-html

更新元素的 innerHTML，v-html 的内容直接作为普通 HTML 插入。

3．v-if

基于表达式值的真假性，条件性地渲染元素或者模板片段。如果初始条件是假，那么其内部的内容不会被渲染。

4．v-else

v-else 是搭配 v-if 使用的，它必须紧跟在 v-if 或者 v-else-if 后面，否则不起作用。

5．v-else-if

v-else-if 充当 v-if 的 else-if 块，可以链式地使用多次。

6．v-for

用 v-for 指令根据遍历数组来进行渲染。

7．v-bind

v-bind 用来动态地绑定一个或者多个 attribute，也可以是组件的 prop。没有参数时，可以绑定到一个包含键值对的对象。常用于动态绑定 class、style 以及 href 等，缩写为一个冒号"："。

8．v-model

可以在组件上使用，以实现双向绑定。

9．v-on

主要用来监听 DOM 事件，以便执行一些代码块，表达式可以是一个方法名，缩写为"@"。

9.1.4　Vue 应用

1．根组件

每个 Vue 应用都是通过 createApp 函数创建一个新的应用实例，例如：

```
import { createApp } from 'vue'
//通过 createApp 函数创建一个应用实例
const app = ({
  /* 根组件选项 */
})
```

传入 createApp 的对象实际上是一个组件，每个应用都需要一个"根组件"，其他组件将作为其子组件。

2. 挂载应用

应用实例必须在调用了 mount()方法后才会渲染出来。该方法接收一个"容器"参数，可以是一个实际的 DOM 元素或是一个 CSS 选择器字符串，例如：

```
<div id="app"></div>
app.mount('#app')//将应用实例挂载在一个容器元素中
```

应用根组件的内容将会被渲染在容器元素里面，容器元素自己不会被视为应用的一部分。

mount()方法应该始终在整个应用配置和资源注册完成后被调用，同时请注意，不同于其他资源注册方法，它的返回值是根组件实例而非应用实例。

【示例 9-1】 创建一个 Vue 应用。

```
<!DOCTYPE html>
<html lang="en">
<head>
  <meta charset="UTF-8">
  <meta http-equiv="X-UA-Compatible" content="IE=edge">
  <meta name="viewport" content="width=device-width, initial-scale=1.0">
  <script src="https://unpkg.com/vue@3/dist/vue.global.js"></script>
  <title>创建第一个 vue 应用</title>
</head>
<body>
  <!-- 通过插值表达式{{}},使用在 data 中定义的状态 -->
  <div id="app">{{ message }}</div>
  <script>
    const { createApp } = Vue               //从 Vue 中解构相应的 API 函数
    const app = createApp({                 //通过 createApp 函数创建一个应用实例
      data() {
        return {
          message: 'Hello Vue3!'
        }
      }
    })
    app.mount('#app')                       //将应用实例挂载在一个容器元素中
  </script>
</body>
</html>
```

上述代码在 Chrome 浏览器中的运行结果如图 9-6 所示。

图 9-6　Vue 应用运行结果

◆ 9.2 React 框架

9.2.1 React 简介

React 是用于构建用户界面的 JavaScript 库,起源于 Facebook 的内部项目,该公司起初对市场上所有的 JavaScript MVC 框架都不满意,决定自行开发一套,用于架设 Instagram 的网站,于 2013 年 5 月开源。

React 遵循组件设计模式、声明式编程范式和函数式编程的概念,使用虚拟 DOM 有效地操作 DOM,并且遵循从高阶组件到低阶组件的单向数据流,从而使前端应用程序达到高效的目的,主要特点如下所示。

1. 声明式

React 可以轻松创建交互式用户界面,为应用程序中的每个状态设计简单的视图,当数据更改时,React 将高效地更新组件和正确地渲染组件。声明式视图使代码更具可预测性,易于调试。

2. 组件化

创建好拥有各自状态 state 的组件,再将其组合构成更加复杂的 UI 界面。由于组件逻辑是用 JavaScript 而不是模板编写的,因此可以通过应用程序轻松传递丰富的数据,并将状态保留在 DOM 之外。

3. 高效性

React 使用 JSX(JavaScript XML)语法编写虚拟 DOM 对象,利用虚拟 DOM,不总是直接操作 DOM,而是通过对 DOM 的虚拟,将多次操作合并为一次操作,最大限度地减少与 DOM 的交互,提高了渲染效率。

9.2.2 React 安装

1. 在页面上以 CDN 的形式导入

可借助<script>标签直接通过 CDN 来使用 React:

```
<!-- 引入 react 核心库 -->
<script src="https://unpkg.com/react@18/umd/react.development.js"></script>
<!-- 引入 react-dom,用于支持 react 操作 DOM -->
<script src="https://unpkg.com/react-dom@18/umd/react-dom.development.js">
</script>
<!-- 引入 babel,用于将 jsx 转为 js -->
<script src="https://unpkg.com/@babel/standalone/babel.min.js"></script>
```

2. 使用 Next.js 安装

Next.js 是一个全栈式的 React 框架,用途广泛,可以创建任意规模的 React 应用,可以是静态博客,也可以是复杂的动态应用。

若想完全用 React 构建一个新的应用或网站,建议选择社区中流行的、由 React 驱动的框架。这些框架提供大多数应用和网站最终需要的功能,包括路由、数据获取和生成HTML。

要创建一个新的 Next.js 项目,请在终端运行如下命令,安装成功之后,如图 9-7 所示。

```
npx create-next-app your-project-name
```

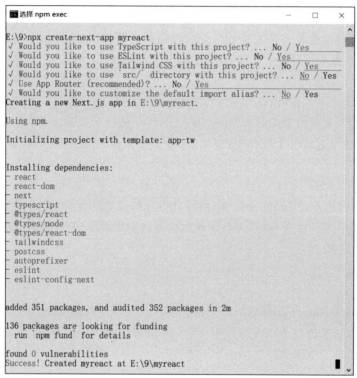

图 9-7　npx create-next-app myreact 代码运行结果

在项目被创建后,运行 npm run dev 命令,启动开发服务器,访问地址为 http://localhost：3000,如图 9-8 所示。

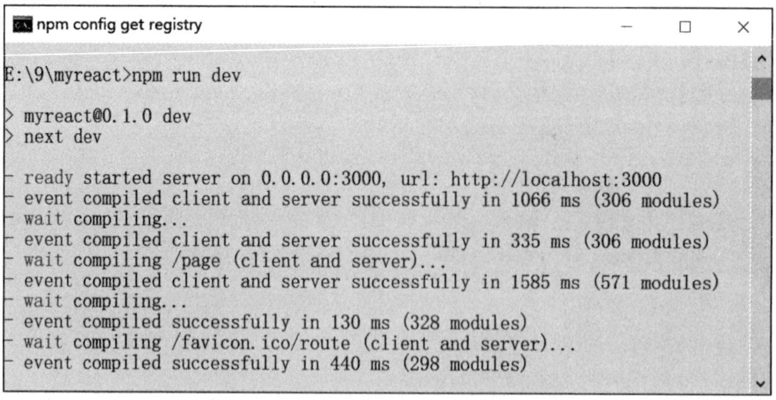

图 9-8　npm run dev 代码运行结果

9.2.3　React 应用

【示例 9-2】　创建一个 React 应用。

```
<!DOCTYPE html>
<html>
  <head>
    <meta charset="UTF-8" />
    <title>Hello World</title>
    <!-- 引入 react 核心库 -->
    < script src = " https://unpkg.com/react@18/umd/react.development.js" ></
script>
    <!-- 引入 react-dom,用于支持 react 操作 DOM -->
    < script src="https://unpkg.com/react-dom@18/umd/react-dom.development.
js"></script>
    <!-- 引入 babel,用于将 jsx 转为 js -->
    <script src="https://unpkg.com/@babel/standalone/babel.min.js"></script>
  </head>
  <body>
    <!-- 准备好一个"容器" -->
    <div id="root"></div>
    <!-- 注意类型 type 为 text/babel -->
    <script type="text/babel">
    const VDOM=<h3>Hello,Welcome to React World!</h3>
      //1. 创建虚拟 DOM,此处不要添加引号,因为不是字符串,也不是标签,而是 React"元素"
    ReactDOM.render(VDOM,document.getElementById("root"))    //2. 渲染虚拟 DOM 到页面
    </script>
  </body>
</html>
```

上述代码在 Chrome 浏览器中的运行结果如图 9-9 所示。

图 9-9　React 运行结果

◇ 9.3　Angular 框架

9.3.1　Angular 简介

AngularJS 诞生于 2009 年,由 Misko Hevery 等创建,是一款构建用户界面的前端框架,后被 Google 收购。Angular 是 AngularJS 的重写,Angular2 以后官方命名为 Angular,2.0 以前版本称为 AngularJS。AngularJS 采用 JavaScript 编写,而 Angular 采用 TypeScript 语言编写,是

ECMAScript 6 的超集。

Angular 是一个应用设计框架与开发平台,包括:①一个基于组件的框架,用于构建可伸缩的 Web 应用;②一组完美集成的库,涵盖各种功能,包括路由、表单管理、客户端-服务器通信等;③一套开发工具,可帮助用户开发、构建、测试和更新代码。

Angular 旨在创建高效而精致的单页面应用,具有跨平台、速度与性能、生产率以及完整开发故事等特性,具体特性如下所示。

1. 跨平台

Angular 借助前面几章中的 Web 开发知识,结合访问原生操作系统 API 的能力,能创造在桌面环境下安装的应用,横跨 Mac、Windows 和 Linux 平台。在渐进式应用上,充分利用现代 Web 平台的各种能力,提供 App 式体验。Angular 具有高性能、离线使用、免安装的优点。

2. 速度与性能

Angular 会把模板转换成代码,针对现代 JavaScript 虚拟机进行高度优化,轻松获得框架提供的高生产率,同时又能保留所有手写代码的优点。在代码拆分上,借助新的组件路由器,Angular 可以实现快速加载。自动代码拆分机制可以让用户仅仅加载那些用于渲染所请求页面的代码。

3. 生产率

Angular 可以通过简单而强大的模板语法,快速创建 UI 视图。在 Angular CLI 上,利用命令行工具,快速进入构建环节、添加组件和测试,然后立即部署。在各种 IDE 上,能在常用 IDE 和编辑器中获得智能代码补全、实时错误反馈及其他反馈等特性。

9.3.2　Angular CLI 工具搭建 Angular 开发环境

(1) 安装 Angular CLI。

可以使用 Angular CLI 来创建项目,生成应用和库代码,以及执行各种持续开发任务,例如测试、打包和部署。要安装 Angular CLI,请打开终端/控制台窗口,并运行如下命令:

```
npm install -g @angular/cli
```

安装完成之后,如图 9-10 所示。

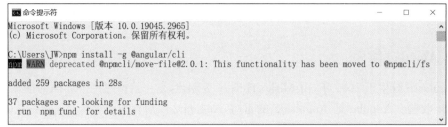

图 9-10　npm install -g @angular/cli 命令运行结果

注意：Angular、Angular CLI 以及 Angular 应用都要依赖 npm 包来实现很多特性和功能。要下载并安装 npm 包，需要一个 npm 包管理器。要检查是否安装了 npm 客户端，请在终端窗口中运行 npm -v 命令。

（2）创建工作区和初始应用。

若要创建一个新的工作区和初始入门应用，需运行 CLI 命令 ng new，并提供 my-app 名称作为参数，如下所示：

```
ng new my-app
```

ng new 命令会提示用户要把哪些特性包含在初始应用中，单击 Enter 或 Return 键可以接受默认值。

Angular CLI 会安装必要的 Angular npm 包和其他依赖包，这可能要花几分钟的时间，CLI 会创建一个新的工作区和一个简单的欢迎应用，用户随时可以运行它。

（3）运行应用。

Angular CLI 中包含一个服务器，方便用户在本地构建和提供应用。导航到 workspace 文件夹，例如 my-angular，运行下列命令：

```
cd my-angular
ng serve --open
```

其中，ng serve 命令会启动开发服务器、监视文件，并在这些文件发生更改时重建应用；--open（或只用-o 缩写）选项会自动打开浏览器，并自动访问特定页面。如果安装和环境搭建成功了，将会看到如图 9-11 所示的页面。

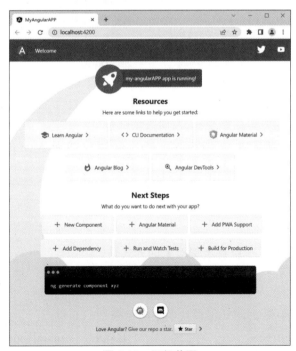

图 9-11　运行首页

◇ 9.4 习　　题

一、选择题

1. 下面选项中,可以实现 actions 中事件处理函数状态分发的是(　　)。
    A. mutations()　　　　B. actions()　　　　　C. commit()　　　　　D. dispatch()

2. 下面选项中,可以用来创建 Vue 项目的命令的是(　　)。
    A. vue init shopcart　　　　　　　　　　B. vue init webpack shopcart
    C. vue shopcart　　　　　　　　　　　　D. vue install shopcart

3. Angular 中扩充对象的函数是(　　)。
    A. angular.extend　　　　　　　　　　　B. angular.ng-extend
    C. angular.expansion　　　　　　　　　　D. angular.ng-expansion

4. Angular 中的双向数据绑定模式是(　　)。
    A. MVVM　　　　　　B. MVC　　　　　　　C. MVCM　　　　　　D. CVVC

5. 为了正确解析 JSX 语法,应该添加属性(　　)。
    A. Type＝"text/babel"　　　　　　　　　B. Type＝"text/javascript"
    C. Type＝"text/html"　　　　　　　　　　D. Type＝"text/css"

6. JSX 可以将许多现有语言组合在一起,不包括(　　)。
    A. HTML　　　　　　B. JAVA　　　　　　　C. CSS　　　　　　　D. JavaScript

7. 下列属于 Vue 开发所需工具的是(　　)。
    A. Chrome 浏览器　　　　　　　　　　　B. VS Code 编译器
    C. vue-devtools　　　　　　　　　　　　D. 微信开发者工具

8. npm 管理器是基于(　　)平台使用。
    A. Node.js　　　　　　B. Vue　　　　　　　C. Babel　　　　　　D. Angular

9. 下列关于 Vue 说法错误的是(　　)。
    A. Vue 与 Angular 都可以用来创建复杂的前端项目
    B. Vue 的优势主要包括轻量级、双向数据绑定
    C. Vue 在进行实例化之前,应确保已经引入了核心文件 Vue.js
    D. Vue 与 React 语法是完全相同的

10. 下列关于 Vue 的优势的说法错误的是(　　)。
    A. 双向数据绑定　　　　　　　　　　　B. 轻量级框架
    C. 增加代码的耦合度　　　　　　　　　D. 实现组件化

11. Vue 实例对象获取子组件实例对象的方式是(　　)。
    A. $ parent　　　　　　　　　　　　　　B. $ children
    C. $ child　　　　　　　　　　　　　　　D. $ component

12. 下列选项中,用来安装 Vue 模块的正确命令是(　　)。
    A. npm install vue　　　　　　　　　　B. node.js install vue
    C. node install vue　　　　　　　　　　D. npm uninstall vue

13. Vue 中实现数据双向绑定的是(　　　)。

A. v-bind　　　　　　B. v-for　　　　　　C. v-model　　　　　　D. v-if

二、填空题

1. 每个 Vue 应用都需要通过_____来实现。

2. Diff 算法的核心就是_____,通过扫描找到 DOM 树前后的差异。若 DOM 树的_____发生改变,React 会构建新的 DOM 树,将新的 DOM 树和原来的 DOM 树进行比较,找到树中变化的部分进行修改。

3. _____主要用来更新 textContent,可以等同于 JS 的_____属性。

4. _____指令告诉了 Augularjs,HTML 元素被单击后需要执行的操作。

三、简答题

1. 谈谈你对 Vue 的理解,怎么使用? 用户在哪种功能场景使用它?

2. 简述 Vue 的优缺点。

3. 简述你对 React 的渲染原理的理解。

4. 你最不喜欢 React 的哪一个特性?

5. Node.js 如何克服 I/O 操作阻塞的问题?

6. React 是什么? 可在哪种功能场景使用它?

7. Angular 是什么? 怎么使用? 用户在哪种功能场景使用它?

四、编程题

1. 请手动配置 Vue.js 开发环境。

2. 请使用 Vue.js 动手创建 Vue 实例并实现数据的绑定效果。

3. 请利用 Vue 框架实现一个简单的网页计算器。

Web 综合案例

在前面的几章中分别介绍了 HTML、CSS 以及 JavaScript 的使用方法和基本概念,而在实践过程中这些往往是紧密配合、密不可分的。如果想要做出一个精美丰富的网页,那就需要将这些知识结合到一起。

◈ 10.1 Web 设计

Web 前端就是前端网络编程,是提供数据交互的平台,也被认为是用户端编程。Web 设计是为了制作网页或者网页应用,而编写 HTML、CSS 以及 JavaScript 代码,让用户能够看到并且和这些页面进行交流。

如图 10-1 所示,优秀的网页设计能够吸引人的注意力,直观清晰地表达出设计师们的意图以及网站的作用,一个优秀的网页不仅在于美观精致,更在于是否恰到好处地突出主题,给浏览者留下深刻印象。

图 10-1 国家航天局官方网站

10.1.1 确定主题

在建立网站前,首先必须明确主题。网站设计所呈现的图片和文字都有对应的表达诉求,也就是都有明确的主题,通过视觉设计和色彩搭配,将网页所要表达的主题内容传达给用户,让用户快速理解网站所要表达的含义,从而满足其需求。主题明确,才能为下一步打好基础。

10.1.2　Web 结构

Web 结构包括网页版面的布局和色彩搭配。清晰明了的 Web 结构能让内容更加明确,更有条理性,也能让用户的观感和体验得到质的提升,增强用户黏性。

网页版面指的是在浏览器中看到的完整的页面大小。由于浏览器有不同分辨率,例如 $800px \times 600px$、$1024px \times 763px$ 和 $1280px \times 800px$ 等,为了能在浏览器窗口完整地显示出页面,制作网页时需要设置页面的宽度。例如,页面宽度可以设置为不超过 $990px$,或者让网页自适应浏览器宽度。

网页版面的布局是指设计网页结构,也就是设计页面的栏目和版块,并将其合理地分布在页面中。网站主页一般包括网站标志、导航栏、广告条、主内容区、页脚等基本构成内容,在规划网页时,需要对这些内容进行布局规划,常用页面布局如图 10-2 所示。

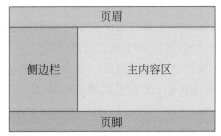
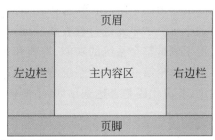

图 10-2　常用页面布局

网站的标志应能体现网站的特色、内容及其理念,广告条位置应该对访问者有较大的吸引力,通常在此处放置网站的标语、口号、广告语或设置为广告席位来出租。导航栏可以根据具体情况放在页面的左侧、右侧、顶部或底部。主内容区一般是二级链接内容的标题和摘要。页脚通常用来标注站点所属单位的地址、E-mail 链接、版权所有和导航条。

页面颜色的规划需要遵循一定的原则,包括:①保持网页色彩搭配的协调性;②保持不同网页色彩相同;③根据页面的主题、性质及浏览者来规划整体色彩。

10.1.3　收集素材

收集素材是指从现实生活中搜集到的、未经整理加工的、分散的原始材料,包括文字、图片、视频等。收集网站素材的途径主要分为以下两种。

1. 自行制作

运用 Photoshop 等专业软件自行制作所需图片,用 WPS 等办公软件编辑文字材料,使用 Flash 等软件制作动画,以及使用影音软件等制作音视频。

2. 媒体获取

从网站、书籍、杂志等媒体中获取所需素材。收集到的素材应该系统规整地保存好,并标好命名序号以便后续使用。在使用素材的同时应该保证内容的完整性、正确性和合法性,以免接收或使用错误信息。

◇ 10.2　页　面　制　作

在上述各项工作完成后便可以进行页面制作,主要包括静态网页和动态网页。

静态网页主要是.html 文件,都是纯文本文件,这些文件中包含 HTML 代码。静态网页只能将信息从 Web 服务器传递到浏览器。

动态网页是利用 JSP、PHP、ASP 等技术在网页中嵌入可运行脚本,使 Web 服务模式具有了"双向交流"的能力,客户端和服务器端可以进行动态交互。

◇ 10.3　系　统　测　试

软件测试分为四个阶段:单元测试、集成测试、系统测试和验收测试。单元测试是指对软件中的最小可测试单元进行检查和验证;集成测试用于测试软件模块之间的交互和协作;系统测试用于测试整个系统的功能、性能和安全;验收测试用于测试业务需求的可接受性。

本节主要讨论第三阶段的系统测试,通过系统测试可以检测出一些潜在的 bug,快速反馈功能输出,验证代码是否达到预期,主要包括功能测试、性能测试和安全测试三方面。

1. 功能测试

功能测试是自动化测试,有时也称为端到端 E2E 测试或浏览器测试,主要目的是测试应用程序的主要功能是否正常,确保系统的可访问性,包括链接测试、表单测试、数据库测试以及流程测试等。

(1) 链接测试。

测试所有超链接是否按指示链接到了该链接的页面,测试所链接的页面是否存在,保证 Web 应用上没有孤立的页面。所谓孤立页面是指没有链接指向该页面,只有知道正确的 URL 地址才能访问。

(2) 表单测试。

假若使用表单来进行在线注册,要确保提交按钮正常,注册完成后应返回注册成功的消息,当用户使用表单进行用户注册、登录、信息提交等操作时,必须测试提交内容的完整性,并校验提交给服务器信息的正确性。例如,性别只能选择男或者女。

(3) 数据库测试。

数据库测试是依据数据库设计规范对系统的数据库结构、数据表及其之间的数据调用关系进行的测试。一方面,对数据一致性进行测试,验证用户提交的表单信息存储到数据库后,各字段值是否一致;另一方面,对输出进行测试,验证从数据库查询后显示在界面的数据信息是否正确。

(4) 流程测试。

对各项功能尝试用户可能进行的所有操作,包括新增、修改、删除、查询等,确保各项功能正确。

2. 性能测试

Web 性能测试是指在一定的软硬件网络环境下，通过模拟特定的网络环境，对 Web 系统进行针对性测试，在服务器正常响应时间内，设置不同的负载压力，查看系统可以承担的并发用户的数量，检测进行事务处理的效率，观察系统指标和空间资源是否达到预期标准，判断系统瓶颈可能发生的位置。如果 Web 系统测试未达到预期，需对结果指标进行分析，为软件调优提供解决方案。

性能测试主要包括以下四方面。

（1）压力测试。

压力测试指持续提升 Web 系统的工作压力，直到被测系统无法正常运行，以测试系统能承受的工作压力，由此得到系统性能的最大服务质量。

（2）负载测试。

负载测试指在系统能承受的压力极限范围内持续运行，以测试系统的稳定性。主要用于掌握系统的性能，为提升系统性能提供基础依据。

（3）容量测试。

容量测试通常是获取数据库的最佳容量能力，又称为容量预估。在一定的并发用户、不同的数据量访问下，观察数据库的处理能力，获取数据库的各项性能指标。

（4）稳定测试。

稳定测试是指在一定负载的情况下，给予外界或内部非正常的干扰，检测系统是否能提供稳定服务。目的主要是验证在特定条件下，系统是否能满足性能指标要求。

性能测试有很多专业的工具，例如 WebPageTest、PageSpeed Insights、SiteSpeed、Lighthouse、JMeter 等。

3. 安全测试

安全测试是指按照攻击手段，进行针对性的测试，常见安全测试包括以下四方面。

（1）漏洞扫描。

漏洞扫描一般需要借助特定的漏洞扫描器完成，漏洞扫描器是一种能自动检测本地主机或远程端安全性弱点的程序。通过漏洞扫描器及时发现系统中存在的安全漏洞，便于有的放矢，及时对漏洞进行修补。

（2）功能验证

功能验证属于软件测试当中的黑盒测试方法，对涉及软件的安全功能，例如权限管理、用户管理、认证、加密等功能进行测试，验证上述功能是否安全有效。进行黑盒测试的目的是模拟一个用户可能采取的恶意行为，观察 Web 应用系统及其配套的安全措施能否真正地起到防护的作用。

（3）网络侦听。

网络侦听是指在数据交互或数据通信过程中对数据进行截取并分析的过程。目前，比较通用的网络侦听技术就是捕获网络数据包，通常称为 Capture。攻击者可以通过该项技术盗取公司或个人有价值的数据，同理，测试人员也可以利用该项技术测试系统的安全性。

（4）模拟攻击测试。

模拟攻击测试对于安全测试来说是一种特殊的黑盒测试案例，通过模拟攻击的方式来验证系统的安全防护能力，在数据处理与数据通信环境中常见的攻击包括冒充、消息篡改、服务拒绝、内部攻击、外部攻击、陷阱门、特洛伊木马等。

◆ 10.4 诗词乐园案例

诗词乐园首页包括网站 Logo、导航条、横幅广告条、侧边栏等内容，其主题是古诗词内容的赏析，网站首页的最终效果如图 10-3 所示。

图 10-3 网站首页

1. 页面 HTML 代码

```html
<!DOCTYPE html>
<html lang="en">
<head>
    <meta charset="UTF-8">
    <title>诗词乐园首页</title>
    <link rel="stylesheet" href="./css/index.css">
    <script src="./js/index.js" type="text/JavaScript"></script>
</head>
<body>
    <div class="container">
        <div class="header">
            <img src="./images/logo-3x.png">
            <img src="./images/plate-logo.png">
        </div>
```

```
<div class="navigation">
    <div class="menus">
        <a href="">首页</a>
    </div>
    <div class="menus">
        <a href="">新闻中心</a>
        <div class="menu-son">
            <a href="">
                <li>热点关注</li>
            </a>
            <a href="">
                <li>新闻快讯</li>
            </a>
        </div>
    </div>
    <div class="menus">
        <a href="">资料中心</a>
        <div class="menu-son">
            <a href="">
                <li>文件资料</li>
            </a>
            <a href="">
                <li>公告信息</li>
            </a>
        </div>
    </div>
    <div class="menus">
        <a href="">媒体聚焦</a>
        <div class="menu-son">
            <a href="">
                <li>音频资料</li>
            </a>
            <a href="">
                <li>视频资料</li>
            </a>
        </div>
    </div>
    <div class="menus">
        <a href="">专题学习</a>
        <div class="menu-son">
            <a href="">
                <li>主题学习</li>
            </a>
            <a href="">
                <li>创新学习</li>
            </a>
        </div>
    </div>
    <div class="menus">
        <a href="">专题活动</a>
```

```html
                    <div class="menu-son">
                        <a href="">
                            <li>乡村振兴</li>
                        </a>
                        <a href="">
                            <li>就业创业</li>
                        </a>
                    </div>
                </div>
                <div class="menus">
                    <a href="">关于我们</a>
                    <div class="menu-son">
                        <a href="">
                            <li>近年工作</li>
                        </a>
                        <a href="">
                            <li>部门介绍</li>
                        </a>
                    </div>
                </div>
            </div>
            <div class="banner">
                <!-- 横幅栏 -->
            </div>
            <div class="body">
                <div class="left">
                    <span style="font-weight: bold; background-color: lightgray;">
最新资讯</span>
                    <div class="sidebar1">
                        <ul id="col1">
                            <li><img src="./images/icon.png"> <a href="">中华古诗词
100首</a></li>
                            <li><img src="./images/icon.png"> <a href="">诗歌征稿大
赛启动</a></li>
                            <li><img src="./images/icon.png"> <a href="">诗歌会在北
京举行</a></li>
                            <li><img src="./images/icon.png"> <a href="">诗词鉴赏茶
话会</a></li>
                            <li><img src="./images/icon.png"> <a href="">传承中华文
化</a></li>
                            <li><img src="./images/icon.png"> <a href="">诗词赏析</
a></li>
                        </ul>
                    </div>
                    <span style="font-weight: bold; background-color: lightgray;">
友情链接</span>
                    <div class="sidebar2">
                        <img src="./images/link1.jpg" alt="">
                        <span><a href="">古诗词网</a></span>
                        <img src="./images/link2.png" alt="">
```

```
                <span><a href="">中华文化网</a></span>
                <img src="./images/link3.png" alt="">
                <span><a href="">山水中国画</a></span>
            </div>
        </div>
        <div class="right">
            <!-- 右边主体内容 -->
            <div class="content" id="left_content">
                <video src="./images/儒家经典.mp4" controls></video>
                <div class="intro">
                    <p style="text-align:center;"><strong>儒家经典</strong>
</p>
                    <p>儒家经典著作:《易》《书》《诗》《周礼》《仪礼》《礼记》《春秋左传》《春
秋公羊传》《春秋谷梁传》《论语》《孝经》《尔雅》《孟子》。</p>
                    <p>儒家经典又称儒家典籍,是儒家学派的典范之作,被世人奉为
"经",受到历代帝王的推崇。《十三经》作为儒家文化的经典,其地位之尊崇,影响之深广,是其他任
何典籍所无法比拟的。《周礼》所记载的礼的体系最为系统,既有祭祀、朝觐、封国、巡狩、丧葬等的
国家大典,也有如用鼎制度、乐悬制度、车骑制度、服饰制度、礼玉制度等的具体规制,还有各种礼器
的等级、组合、形制、度数的记载。
                    </p>
                    <p>《仪礼》中不仅反映了周代贵族冠婚丧祭、饮射朝聘的生活,而且它
还保留了一些远古礼俗的外壳。《仪礼》一书所反映的礼节形式,不仅有东周时代周鲁各国的,也含
有更早一些时候的。《礼记》章法谨严,文辞婉转,前后呼应,语言整饬而多变,主要记载了先秦礼
制,体现了先秦儒家的哲学思想。
                    </p>
                </div>
            </div>
            <div class="content">
                <div class="intro">
                    <p style="text-align:center;"><strong>战国
</strong></p>
                    <p>继《诗经》后,战国后期,在南方的楚国产生了一种具有楚文化独特
风采的新诗体——楚辞(骚体)。楚辞句式长短参差,以六、七言为主,多用"兮"字。楚辞的出现,标
志中国诗歌从民间集体歌唱发展到诗人独立创作的更高阶段。《诗经》和楚辞,是后世诗歌发展的
两大源头,在文学史上并称"风骚",共创我国古代诗歌现实主义和浪漫主义并驾齐驱、融会发展的
优秀传统,并垂范于后世。
                    </p>
                    <p style="text-align:center;"><strong>汉代</strong></p>
                    <p>汉代前期,文人诗坛相对寂寥,民间乐府颇为活跃。"乐府"原指国
家音乐机构,后代将乐府所收集与编辑的可以配乐演唱的歌词也称为"乐府"。汉乐府民歌是汉乐
府的精华。汉乐府民歌继承《诗经》民歌"饥者歌其食,劳者歌其事"的现实主义传统,多"感于哀乐,
缘事而发",通俗易懂,长于叙事,富有生活气息,句式以杂言和五言为主,体现了诗歌艺术的新发
展。《陌上桑》与《孔雀东南飞》是汉乐府民歌中最优秀的作品,也是叙事诗的代表作。</p>
                </div>
                <img src="./images/1.webp" alt="" style="width:500px;">
            </div>
        </div>
    </div>
    <div class="footer">版权声明</div>
    </div>
</body>
</html>
```

2. 页面 CSS 代码

```css
body {
    margin: 0 auto;
    /* 当前浏览器视口宽度 */
    width: 75vw;
    background-color: antiquewhite;
}
.container {
    /* 弹性布局 */
    display: flex;
    /* 当前浏览器视口高度,为避免显示垂直固定条,设置为 94vh */
    /* height: 99vh; */
    /* 项目从上向下排列 */
    flex-direction: column;
    /* 设置字体大小 */
    font-size: 20px;
    align-items: center;
}
.header {
    height: 80px;
    width: 100%;
    background: white;
    display: flex;
    /* 两端对齐 */
    justify-content: space-between;
}
.header img {
    width: 500px;
    height: 80px;
}
.navigation {
    height: 30px;
    width: 100%;
    background: rgb(166, 43, 43);
    /* 嵌套弹性布局 */
    display: flex;
    /* 子项平均分布 */
    justify-content: space-around;
    /* 设置导航栏层叠优先级为 1000,若不设置,menu-son 下拉列表不可见 */
    z-index: 1000;
}
.navigation div {
    /* 子项中文字居中 */
    text-align: center;
}
.banner {
    width: 100%;
    height: 220px;
```

```
        background-image: url("···/images/banner1.jpg");
        /*背景图片*/
        background-size: 100% 100%;
    }
    .body {
        width: 100%;
        display: flex;
        /*项目从左向右排列*/
        flex-direction: row;
        /*等分剩余空间*/
        flex: auto;
    }
    .footer {
        width: 100%;
        height: 30px;
        background: grey;
    }
    .left {
        display: flex;
        /*左侧宽度固定为 200px*/
        width: 200px;
        height: 100%;
        flex-direction: column;
    }
    .left div {
        /*侧边 left 容器中的两个子项,等分剩余空间*/
        flex: auto;
        border: 1px solid white;

    }
    .right {
        /*右侧宽度自适应*/
        flex: 1;
        width: 100%;
        height: 100%;
        /*background: white;*/
        display: flex;
        flex-direction: column;
    }
    .right div {
        /*主体 right 容器中的两个子项,等分剩余空间*/
        flex: auto;
        /*border: 1px solid white;*/
    }
    #left_content{
        border-bottom: 2px solid saddlebrown ;
    }
    .menus a {
        /*设置导航栏字体为白色*/
        color: white;
```

```css
        /*删除超链接<a>标签的下画线*/
        text-decoration: none;
}
.menu-son {
        /*下拉列表框隐藏*/
        visibility: hidden;
        /*下拉列表宽度设置为150*/
        width: 150px;
}
.menus:hover .menu-son {
        /*鼠标悬停时,下拉列表框可见*/
        visibility: visible;
}
.menu-son li {
        /*删除列表项的样式,设置为none*/
        list-style: none;
        background: rgb(166, 43, 43);
}
.sidebar2 {
        display: flex;
        flex-direction: column;
        /*水平居中*/
        justify-content: center;
        /*垂直居中*/
        align-items: center;
        font-size: 17px;
}
.sidebar2 img {
        width: 190px;
        height: 100px;
}
/*设置最新资讯样式*/
#col1 li {
        list-style: none;
}
#col1 {
        /*display: flex;*/
        /*flex-direction: column;*/
        font-size: 17px;
        margin: 0;
        padding: 0;
        text-align: left;
}
#col1>li>a {
        border-bottom: 1px solid #f0f0f0;
        height: 50px;
        color: black;
        /*去除下画线*/
        text-decoration: none;
        display: inline-block;
```

```
}
#col1>li>img {
    width: 20px;
    margin-top: 5px;
}
.content {
    display: flex;
    justify-content: center;
    align-items: center;
}
.content video {
    width: 700px;
    height: 400px;
}
.intro {
    margin: 5px;
    /* 固定显示 12 行,超出的内容,用省略号表示 */
    /* 超出的文本隐藏 */
    overflow: hidden;
    /* 溢出用省略号显示 */
    text-overflow: ellipsis;
    display: -webkit-box; /* Chrome 4+, Safari 3.1, iOS Safari 3.2+ */
    -webkit-line-clamp: 12;
    /* 从上到下垂直排列子元素 */
    -webkit-box-orient: vertical;
}
p{
    /* 首行缩进 2 个字符 */
    text-indent:2em;
}
```

3. 页面 JS 代码

```
var index = 1;
function lunbo() {
    index++;
    //判断 number 是否大于 3
    if (index > 3) {
        index = 1;
    }
    //获取 img 对象
    var img = document.getElementsByClassName("banner")[0];
    img.style.background = "url(./images/banner" + index + ".jpg)";
    img.style.backgroundSize = "100% 100%";
}
//2.定义定时器
setInterval(lunbo, 3000);
```

◇ 附　录

附录A　缩略词

表 A-1　缩略词

缩　略　词	全　称	解　释
WWW	World Wide Web	万维网
W3C	World Wide Web Consortium	万维网联盟
HTML	Hypertext Markup Language	超文本标记语言
B/S	Browser/Server	浏览器/服务器
REST	Representational State Transfer	表现层状态转化
CSS	Cascading Style Sheets	层叠样式表
SPA	Single-Page Application	单页应用
URL	Uniform Resource Locator	统一资源定位符
HTTP	Hypertext Transfer Protocol	超文本传输协议
HTTPS	Hypertext Transfer Protocol Secure	超文本传输安全协议
QUIC	Quick UDP Internet Connections	快速 UDP 网络连接
IIS	Internet Information Services	互联网信息服务
IETF	Internet Engineering Task Force	国际互联网工程任务组
DNS	Domain Name System	域名系统
TCP/IP	Transmission Control Protocol/Internet Protocol	传输控制协议/互联网协议
FTP	File Transfer Protocol	文件传输协议
SMTP	Simple Mail Transfer Protocol	简单邮件传输协议
UDP	User Datagram Protocol	用户数据报协议
IP	Internet Protocol Address	互联网协议地址
SSL/TLS	Secure Sockets Layer/ Transport Layer Security	安全套接层/传输层安全协议
RWD	Responsive Web Design	响应式网页设计
POSIX	Portable Operating System Interface	可移植操作系统接口
AJAX	Asynchronous JavaScript and XML	异步 JavaScript 和 XML
ECMA	European Computer Manufacturers Association	欧洲计算机制造商协会
DOM	Document Object Model	文档对象模型
BOM	Brower Object Model	浏览器对象模型
API	Application Program Interface	应用编程接口

续表

缩　略　词	全　　　称	解　　释
SGML	Standard Generalized Markup Language	标准通用标记语言
Flex	Flexible Box	弹性布局
JSON	JavaScript Object Notation	JavaScript 对象标记
SSR	Server Side Render	服务端渲染
SSG	Static Site Generators	静态站点生成
CMD	Windows Command Prompt	Windows 命令提示符
DB	DataBase	数据库
DTD	Document Type Definition	文档类型定义
JSP	Java Server Pages	Java 服务器端页面
MVC	Model View Controller	模型、视图、控制器
MVVM	Model-View-View-Model	模型、视图、视图模型
CRUD	Create Read Update Delete	增加、读取、更新、删除
JSX	JavaScript XML	JavaScript 可扩展标记语言
IDE	Integrated Development Environment	集成开发环境
JSP	Java Server Pages	Java 服务器页面
PHP	Hypertext Preprocessor	超文本预处理器
ASP	Active Server Pages	动态服务器页面
SEO	Search Engine Optimization	搜索引擎优化
UI	User Interface	用户界面
XML	Extensible Markup Language	可扩展标记语言
CDN	Content Delivery Network	内容分发网络
URI	Uniform Resource Identifier	统一资源标识符

附录 B　本书扩展资源及参考答案

1. 课件二维码

第 1 章课件　　第 2 章课件　　第 3 章课件　　第 4 章课件　　第 5 章课件

第 6 章课件　　第 7 章课件　　第 8 章课件　　第 9 章课件

2. 扩展资源二维码

第 1 章案例　　第 2 章案例　　第 3 章案例　　第 4 章案例　　第 5 章案例

第 6 章案例　　第 7 章案例　　第 8 章案例　　第 9 章案例　　第 10 章案例

3. 参考答案

1～9 章习题参考答案

◇ 参考文献

［1］ 王刚. HTML5＋CSS 3＋JavaScript 前端开发基础［M］. 北京：清华大学出版社，2019.

［2］ 聂常红. Web 前端开发技术——HTML、CSS、JavaScript［M］. 3 版. 北京：人民邮电出版社，2020.

［3］ 卢冶，白素琴. Web 前端开发技术［M］. 北京：机械工业出版社，2019.

［4］ 马尔奇·哈弗贝克. JavaScript 编程精解［M］. 卢涛，李颖，译. 北京：机械工业出版社，2020.

［5］ 吴志祥，雷鸿，李林，等. Web 前端开发技术［M］. 武汉：华中科技大学出版社，2019.

［6］ 黑马程序员. JavaScript 前端开发案例教程［M］. 北京：人民邮电出版社，2018.

［7］ 辛普森. 你不知道的 JavaScript 上/中/下［M］. 赵望野，译. 北京：人民邮电出版社，2015.

［8］ 张辉. Web 系统的性能测试技术研究［J］. 计算机时代，2021(10)：28-31.

［9］ 贺英杰，赵正海. Web 安全测试用例设计研究［J］. 电脑知识与技术，2016，12(07)：32-33.

［10］ 黑马程序员. Web 前端模块化开发教程(ES6＋Node.js＋Webpack)［M］. 北京：人民邮电出版社，2021.

［11］ 黑马程序员. 网页设计与制作(HTML5＋CSS 3＋JavaScript)［M］. 北京：中国铁道出版社，2020.

［12］ 莫振杰. HTML CSS JavaScript 基础教程［M］. 北京：人民邮电出版社，2020.

［13］ 弗拉纳根. JavaScript 权威指南［M］. 李松峰，译. 北京：机械工业出版社，2021.

［14］ 罗宾斯. Web 前端工程师修炼之道［M］. 刘红泉，译. 北京：机械工业出版社，2020.

图 书 资 源 支 持

感谢您一直以来对清华版图书的支持和爱护。为了配合本书的使用,本书提供配套的资源,有需求的读者请扫描下方的"书圈"微信公众号二维码,在图书专区下载,也可以拨打电话或发送电子邮件咨询。

如果您在使用本书的过程中遇到了什么问题,或者有相关图书出版计划,也请您发邮件告诉我们,以便我们更好地为您服务。

我们的联系方式:

清华大学出版社计算机与信息分社网站：https://www.shuimushuhui.com/

地　　址：北京市海淀区双清路学研大厦 A 座 714

邮　　编：100084

电　　话：010-83470236　010-83470237

客服邮箱：2301891038@qq.com

QQ：2301891038（请写明您的单位和姓名）

资源下载： 关注公众号"书圈"下载配套资源。

资源下载、样书申请

书 圈

图书案例

清华计算机学堂

观看课程直播